GUBENPEIYUAN ZHUOYUEYINLING
JIAOYUBU QUANGUOZHIYEYUANXIAO JINENGDASAI
GAOZHIZU XICANYANHUIFUWU SAIXIANGCHENGGUOZHANSHI 2016

固本培元 卓越引领

——教育部全国职业院校技能大赛高职组西餐宴会服务赛项成果展示2016

全国旅游职业教育教学指导委员会 主编

北京·旅游教育出版社

《固本培元　卓越引领》编委会

编委会主任：魏洪涛
编委会副主任：余昌国　计金标
编委会成员：周春林　冯　明　韩玉灵　王晓霞

执 行 主 编：汪京强（华侨大学旅游学院）
执 行 副 主 编：匡家庆（南京旅游职业学院）
本 书 审 稿：匡家庆
视 频 演 示：解　晨
编 辑 组 成 员：田　园（南京旅游职业学院）
　　　　　　　　王天辰（南京旅游职业学院）
　　　　　　　　徐　斌（南京旅游职业学院）
　　　　　　　　邢宁宁（漳州职业技术学院）
　　　　　　　　丁　鑫（华侨大学旅游学院）
　　　　　　　　逯付荣（华侨大学旅游学院）
　　　　　　　　刘文娟（华侨大学旅游学院）

前　言

全国职业院校技能大赛，是由中华人民共和国教育部发起，联合国务院有关部委、行业和地方共同举办的一项全国性职业教育学生参加的活动。自2008年以来，经过多年努力，大赛的规模与内涵不断扩大，全国各个省、自治区、直辖市和计划单列市积极参与，已经发展成为专业覆盖面最广、参赛选手最多、社会影响最大、联合主办部门最全的国家级职业院校技能赛事，成为中国职教界的年度盛会。

继"中餐主题宴会设计"赛项之后，2013年，"西餐宴会服务"赛项与"导游服务"赛项一道，成为国家旅游局主办的旅游类职业院校学生参加的三大赛项。

改革开放以来，中国酒店业国际化程度逐年提高，大量国际知名酒店品牌进入中国市场，对高技能、高素质的西餐服务人才需求不断增加，在这样的时代背景下设计策划了"西餐宴会服务"赛项。本赛项重点展示参赛选手西餐服务的基本操作技能，强调操作的规范化、职业化特点，检验选手服务技能的综合运用能力、创新能力和语言表达能力。通过比赛，推动高职院校培养符合行业需要的高素质、技能型酒店服务人才，引领和促进旅游专业教学改革与专业建设。

"西餐宴会服务"赛项于2013年、2015年、2016年共举办过三届，均由南京旅游职业学院承办。在这三次大赛承办过程中，该校严格遵循大赛的相关文件要求，在大赛、分赛区组委会的领导下，在赛项执委会的指导下顺利、圆满完成大赛的组织工作，为全国参赛院校、专家、教师、学生及观摩者们呈现了一场视觉盛宴。

本赛项比赛内容以西餐宴会服务为主，调酒服务为辅，涵盖西餐宴会摆台、台面创意设计、菜单设计制作、餐巾折花、斟酒、调酒、西餐服务英语运用等。比赛分三部分，即仪表仪态、现场专业技能比赛（摆台、调酒）、英语台面设计介绍。

从三届竞赛来看，选手们基本能在规定时间内完成六人台西餐宴会摆台（包括餐巾折花、斟酒服务），体现出较好的职业素养；选手们基本能在教师的指导下设计并呈现各类宴会主题设计，展现出较强的创新思维能力。但是，放眼全球，我们不难看出，由于西餐服务在我国旅游职业教育中起步较晚，使得我们的整体水平离国际标准还有较大差距。这种差距既有观念方面的，也有对操作规范的认知、对操作标准的理解等方面的，为了更好地让我们的指导教师、选手了解西餐宴会服务的基本规范和标准，实现以赛促教的办赛目的，体现以教助产的理论联系实际的办学方向，全国旅游职业教育教学指导委员会牵头，联合旅游教育出版社，委托南京旅游职业学院和华侨大学旅游学院编辑了本书。

期待本书能为高职院校酒店管理专业的餐饮教学带来启迪和思考，为行业培训提供参考。

仓促之间，难免有所疏漏，敬请读者提出宝贵意见。

目 录

项目一　通识篇 ·· 1
　任务一　领略文化 ·· 3
　任务二　认知西餐 ·· 13
　任务三　走进赛事 ·· 22

项目二　竞技篇 ·· 29
　任务一　比赛准备 ·· 31
　任务二　台面操作 ·· 37
　任务三　菜单设计 ·· 49
　任务四　英语台面设计介绍 ·· 60
　任务五　酒水调制 ·· 65

项目三　裁判篇 ·· 77
　任务一　裁判素质 ·· 79
　任务二　竞赛评判解析 ··· 80

项目四　策划篇 ·· 107
　任务一　赛手的选择 ··· 109
　任务二　主题设计 ·· 117

项目五　赏析篇 ·· 123
　任务一　对主题的评判 ··· 125
　任务二　对餐台的评判 ··· 129

  任务三 对服务的评判 …… 138

  任务四 对菜单的评判 …… 142

项目六 2016年大赛主题台面集锦 …… 149

项目七 总结与展望 …… 197

项目一

通识篇

任务一　领略文化

据资料记载，西餐发展至今已有数千年的历史。古巴比伦人在象形文字中就记录了当时西餐的种类和烹调方法。根据史料，可以将西餐的发展总结为四个阶段，即古代的西餐、中世纪的西餐，近现代的西餐和当代西餐。

一、西餐发展概况

（一）古代的西餐

古埃及人的文明发展史在世界史上占有重要地位。公元前2500年，埃及是由法老统治的王国。那时，尼罗河流域土地肥沃，盛产粮食。高度文明的社会创造了灿烂的艺术和文化，其中包括西餐烹调技术。许多出土的烹调用具都证明了西餐在这一时期有过巨大的发展。当时，富人们的菜单上已经出现了烤羊肉、烤牛肉和水果等菜肴。

古希腊受到古埃及文化的影响，成为欧洲文明的中心。雄厚的经济实力给它带来了丰富的农产品、纺织品、陶器、酒和油。奴隶们都有各自的具体工作，如购买粮食、烧饭、服侍等。这已经接近了今天厨房与餐厅分工的组织结构。当时，古希腊的贵族对食物很讲究，这推动了西餐的发展。古希腊人当时的日常食物已经有山羊肉、绵羊肉、牛肉、鱼类、奶酪、大麦面包、蜂蜜面包和芝麻面包等。

大约在公元200年，古罗马的文化和社会经济高度发达，在诗歌、戏剧、雕刻、绘画和西餐烹调等方面都创造了新的风格。古罗马的烹调方式比较简单，但是汲取了古希腊烹调技术的精华。古罗马人举行的宴会既丰富多彩又有较高水平，他们尤其擅长制作主食。至今，意大利的比萨饼和面条仍享誉世界。在古罗马，厨师不再是奴隶，而是拥有一定社会地位的人。厨房结构随着分工的深入而更趋于合理。享用美味佳肴成为古罗马人富有的象征。在哈德良皇帝统治时期，古罗马帝国在帕兰丁山建立了厨师学校，以发展西餐烹调艺术。当罗马帝国分崩离析、日落西山时，亚平宁半岛贵族的厨师却依然推动着西餐烹调技术的发展。

（二）中世纪的西餐

11世纪60年代中，诺曼底人侵占了大不列颠，他们的统治使说英语的当地人在生活习惯、语言和烹调方法等方面都受到了法国人长期的影响。例如，英语的小牛肉、牛肉和猪肉等词都是从法语演变过来的。同时，用法语书写的烹调书详细地记录了各种食谱，使英国人打破了传统的、单一的烹调方法。1183年，伦敦出现第一家小餐馆。小餐馆售卖以鱼类、牛肉、鹿肉、家禽为原料的西餐菜肴。16—17世纪，意大利的烹调方法传到法国后，西餐烹调技术得到飞速发展。法国丰富的农产品促使厨师们尝试制作新的菜肴。烹调技术在法国各地广泛传播，创制出新式菜肴的厨师会得到人们的尊敬和重视。

（三）近现代的西餐

继1650年牛津出现了第一家咖啡厅以后，咖啡厅在英国如雨后春笋般地出现了，到1700年仅伦敦就有200余家咖啡厅。1765年伯郎格在法国巴黎开设了第一家真正的法国餐厅，这家餐厅在各方面已经和现在经营的西餐厅很相似了。

18世纪以后，法国涌现出了许多著名的西餐烹调大师，如安托尼·卡露米（1784—1833年）、奥古斯特·埃斯考菲尔（1846—1935年）等。这些著名的烹调大师设计并制作了许多优秀的菜肴，有些至今仍是扒房（grill room）的菜单上深受顾客青睐的品种。

安托尼·卡露米生于法国巴黎，家境贫寒。因此，从13岁开始他就在一家小餐馆当帮厨。由于他勤奋好学，自学了法语和面点制作，不久就脱颖而出，闻名巴黎。他是第一个把糕点样品陈列在拿破仑·波拿巴餐桌上的人。他先后被邀请到伦敦、巴黎、维也纳、圣彼得堡等地献技。在这期间，他改进和独创了许多新式菜肴，因而获得"国王厨师"的美称。卡露米常把烹调法和建筑学紧密地融合在一起，使菜肴艺术化。他非常重视菜肴的外观，从而奠定了古典菜肴的基础。他在伦敦任宫廷主厨师时曾说："我所关心的问题是用各种花样的菜肴引起人们的食欲。"他写过几部重点介绍糕点制作方法的烹饪书。但是，由于他过早地离开人间，他写的大部分书稿并未完成。然而，这位著名的"国王厨师"仍不失为"最高烹饪"的先驱。

奥古斯特·埃斯考菲尔是制作欧洲传统高级菜肴的著名厨师，他以烹调豪华菜肴而引起欧洲社会的注目。他设计了数以千计的食谱，确立了豪华烹饪法的标准。他在蒙特卡罗大饭店当厨师长时，与饭店经理塞扎·里茨密切合作，进行了餐饮经营与烹调设施的现代化和专业化建设。这一措施取得了良好的效果。后来，塞扎·里茨又把他带到闻名世界的伦敦塞维饭店。为了纪念著名的澳大利亚歌剧演员内莉·梅尔巴，他创造了独特的甜品——梅尔巴桃。

埃斯考菲尔曾指出，厨师的任务就是完善烹调法。他主张分道上菜和使用现代厨房。他提倡按照俄罗斯上菜方式，每一种菜为单独的一道，改变了全部菜肴一齐上的传统方式。他的著作《我的烹调法——菜谱与烹饪指南》确立了法国古典烹饪法。

此外，18世纪，在法国还出现了世界第一个饮食鉴赏家让·安塞尔姆·布里亚·萨瓦里。在他的著作《品尝解说》中，萨瓦里对各种菜肴做了评价，并以百科全书的形式综述了菜肴与饮料。1894年，美国第一部烹调书籍《美食家》，由厨师查里斯·瑞奥弗编著出版。1920年，美国开始了汽车窗口饮食服务，1950年以后，西餐快餐业首先在美国发展起来，而后遍及世界。当今的西餐更讲究营养、卫生和实用性。

（四）当代西餐

20世纪，美国引进意大利南部的烹调方法，"二战"后，意大利的菜肴、面条、比萨成为美国人喜爱的食品。随着移民的不断增加，各移民国的菜肴都多少影响了美国的烹饪技术。中国的广东菜、湖南菜、四川菜，以及泰国菜、越南菜、南亚菜，对他们的影响都很大。20世纪的七八十年代泰国菜和越南菜传入美国，对其影响很大，特别是椰子味道的菜目前还流行于美国。1885年，中国第一家西餐厅——太平馆在广州开设，标志着西餐厅正式登陆中国。天津起士林西餐厅也比较出名。20世纪20年代，西餐只在我国沿海地区发展；改革开放前，我国西餐只有俄式和东欧菜肴，改革开放后，中外合资的饭店相继出现在各大城市。快餐、咖啡厅迅速现身于中国各地。目前，我国西餐已经发展成一定的模式，天津主要以英国菜为主；上海主要以法国菜为主；哈尔滨以俄国菜为主。我国也已经连续举办了几届西餐文化节。2001年，在天津举办首届西餐文化节；2003年，在广州举办第二届；2005年9月，在北京举办第三届；2007年11月在上海举办第四届；2009年9月，在北京举办第五届；2010年7月在北京举办第六届。现代西餐是根据法国、意大利、英国和俄国等菜肴传统工艺，结合世界各地食品原料及饮食文化，制成富有营养、口味清淡的新派西餐菜肴。

二、我国西餐的发展

饮食是文化的先驱，它当然隶属于文化的范畴，是文化必然就会有传播和交流。正是由于这种原因，世界各个国家各个地区的文化、生活习惯不可避免地要相互交流，故而，欧美各国的饮食习俗及菜点逐渐传入我国。因为这些菜点来自西方的欧美国家，所以我国人民乃至一些东方国家习惯将其统称为西餐。

（一）西餐在中国的发展

1.西餐在中国的初级阶段

那么西餐究竟什么时候传入中国的呢？早在元代著名的旅行家、意大利人马可·波罗来中国游历时，就将某些欧洲菜点的制作方法传到中国。到了17世纪中叶，西欧各国的商人来到我国各大港口通商，外交官及传教士来中国从事外交、传教活动。由于这些人来华居住时间较长，因此带来生活所需要的食品和调料，有的带来本国厨师，有时为了交往的需要，还以西餐来款待中国客人。据记载，1622年来华的德国传教士汤若望，在北京居住期间，就曾以"蜜面和鸡卵"为主要原料制作的"西洋饼"来款待中国客人，受到普遍称赞。但是，在当时，即便这样简单的西餐，也只能在外国人餐桌上出现。

到清代初期，随着进入我国的外国商人、传教士等的增多，中国人与其交往频繁，逐渐对西餐制作、食用产生兴趣。例如，清乾隆年间，饮食鉴赏家、评论家袁枚在《随园食单》上有一则"杨中丞西洋饼"的记载，制法与今天的蛋白卷没有什么差异。但当时尚未出现西餐食谱，直到清代末年，才由上海美华书馆出版了《造洋饭书》。洋，是清代以前对欧、美等外国人和物的常用冠词。所谓的"洋饭"无疑是西餐了。据分析，这本书也并不是中国人所著，而是某教堂人员所编，因为书中未用当时清朝所规定的年号，而使用的是"耶稣降世1909年"一类纪年法。

此书内容丰富，情节清楚具体，开篇为"厨房条例"，强调了入厨房须知和注重卫生等内容。食谱分汤、鱼、肉、蛋、禽及小汤（沙司），另外还有酸果、甜食、排、面皮、布丁、甜汤、面包、糕等共52章271种，而且每个品种都有原料、用量和制作方法。例如"做面皮法"：一斤半白糖，半斤奶油（黄油），把一半奶油调在面内，加冷水一杯，调成面团，用擀面杖向外擀薄（不要向里擀），将另一半奶油擦在面皮上，随擀随擦，擀到奶油用完……写得详细具体，明白无误，至今仍有实用价值。此外，书的后面还有英汉对照，反映出西餐早期传入中国时的基本风貌和特点。因此，这应该是中国最早的较完善的西餐食谱，对研究西餐在中国的传播很有价值。

尽管如此，有些专家认为这仍然是西餐在中国的初步传播阶段，因为西餐当时在中国只能是洋人家庭饮食和他们的正式宴会饮食。即便中国的达官贵人、社会名流偶尔制作食用西餐，但作为西餐行业尚远远没有形成。

1840年鸦片战争以后，中国的大门被英国殖民者打破，随之西方列强蜂拥而入，来中国的外国人与日俱增，从而把西餐烹饪技术带入中国。起初，只是自制自食，有时也用来招待客人。这些外国人，有的还雇佣中国人为他们服务，久而久之，西餐技艺就被所雇佣的中国人所掌握，由此出现了中国人制作西餐的情况，但当时只能是在外国人居住的地方制作西餐。

2. 西餐在中国的发展阶段

到了清代光绪年间，在主要城市，如上海、北京、广州、天津，以及东北的哈尔滨等地，出现了专门经营西餐的"番菜馆"和咖啡厅、面包房。据有关史料记载，最早的"番菜馆"是上海的"一品香"，之后相继开业的有"江南春""万年春""海天春""吉祥春"等；北京在这期间也开设了"醉琼林"和"裕珍园"；哈尔滨则有"马迭尔"餐厅，从而使中国的西餐行业初具雏形。

1900年以后，随着中外交流的不断扩大，西餐行业也随之发展，而且不断完善，大饭店相继建立起来，首先是北京的北京饭店，之后是六国饭店、三星饭店、宝珠饭店等。这些饭店都经营不同风格的西餐，同时也出现了和西餐有关系的面包房、牛奶厂。在上海，西餐行业同样发展很快，较早建立的有礼查饭店、汇中饭店、大华饭店。20世纪30年代又有国际饭店、华懋饭店、上海大厦、都成饭店等相继开业。与此同时，西餐厅也随之增加，"大西洋""沙利文"等餐厅都是这时出现的，其他城市也开设了西餐馆，如天津的"维克多利"餐厅、"起士林"餐厅及广州的"哥伦布"餐厅。这些大型饭店和西餐厅所经营的西餐大都自成体系，但不外乎英式、法式、意式、俄式、德式、美式菜肴，有的西餐厅也经营带有中国风味的"番菜"及家庭式西餐。总之在20世纪二三十年代，在中国中上层人士中掀起一股吃西餐的热潮，从而使中国的西餐行业迅速发展。

3. 西餐在我国的蓬勃发展阶段

中华人民共和国成立以后，由于与我国友好往来的国家日益增多，所以在20世纪50年代，北京市的大型饭店、宾馆建设较快，如和平宾馆、新侨饭店、民族饭店、前门饭店以及号称"亚洲第一大饭店"的友谊宾馆等。这些饭店、宾馆都有设备完善的西餐厅，经营着英式、法式、俄式、意式、德式、美式等不同风味的菜肴。同时，还建设了专营俄式菜肴的莫斯科餐厅。其他大城市也相继建设了不少饭店、宾馆，从而推动着西餐行业在全国蓬勃发展。

1978年以后，我国实行了对外开放政策，随之而来的外国来华客人，尤其是外国旅游者急剧增加，这促进了高级旅游饭店的蓬勃发展，同时也出现了中外合资的旅游饭店。这样，便引进了先进的西餐设备及加工方法，提高了西餐的烹饪水平，使西餐在全国各大城市都有更快的发展。目前，西餐行业在我国已成为不可缺少的行业，形成了一支从事西餐烹饪的专业人员的庞大队伍，确立了西餐在餐饮行业中的重要地位，并在国际交往和发展旅游事业中发挥了巨大作用。

(二)中餐与西餐的融合

每种餐饮食俗都是其民族文化的体现,带有一个民族历史和思维方式的很多痕迹和特征。正宗的西餐虽然没有中餐繁文缛节的礼仪,但即使最简单的西餐馆中的西餐都是各自分盘,吃得彬彬有礼,没有中餐馆中的划拳行令。西餐的引入,无论是原料的选取、烹调的方法,还是就餐形式,都催发了中西饮食文化的冲突和交融。

首先,在原料的选择及应用上。尽管西餐的原料使用范围、种类没有中餐那样广泛、庞杂,但用料较精,选料加工较细,比较专业化,如肉类按部位分档取料。蔬菜种植控制得较鲜嫩而又多样化,检测标准极高,这一点中餐也逐渐在学习和应用。现在中餐大量借鉴和使用西餐原料,肉类原料已普遍采用了牛柳、鸡胸肉、新西兰羊扒、日本神户牛肉、美国牛仔骨等,其做法集中西餐技法之精华,中西合璧,相得益彰,如美极炭烧牛柳、虾酱牛仔骨等;鱼类原料有三文鱼、银雪鱼、吞拿鱼、鱼子、冰鲜鱼柳、带子肉等;水果原料有榴梿、奇异果、车厘子、草莓、夏威夷木瓜、新奇士橙、牛油果、泰国龙眼等。其他的原料有鹅肝、芝士、芦笋尖、即用薯粉等。这些都逐渐被中餐广泛采用,用以开发新菜式。

其次,在烹饪方法上。近代西餐的舶来,极大地丰富了中国人的饮食文化,如啤酒、汽水、奶茶、蛋糕等西式快餐,渐渐进入了中国人的生活,品尝了西餐后的中国文化人也开始思考中西饮食和饮食习惯的差异,如上海著名学者孙宝瑄在光绪二十三年(1897年)二月二十四日的日记中在比较了中西饮食后也认为:"西人饮食最不苟,常以养身为主,与中国《周礼》食医之制暗合焉。"

这种认为西餐与古代中餐相合之见解,表现在实践中是西餐引入后即开始了一个中国化的过程,形成所谓"华人大菜"。因为中国人的口味毕竟和西方人不同,要想在中国立足,西餐必然要进行一番中国化的改造。当年曹聚仁就指出:"一品香的大菜,等于中菜西吃,这才有点菜吃,下得肚子,煎牛排就不会那么血淋淋,望之生畏了。""西餐中吃"和"中菜西吃",实际上即"西菜中做"和"中菜西做"的中西合璧的烹调法,如"铁扒牛肉""华洋里脊""西法大虾""西洋鸭肝"等。经过改造,渐渐出现了具有各种中国地方特色的西菜,如广东大菜、宁波大菜、上海大菜等。那些广东厨师把传统粤菜食味讲究清、鲜、嫩、爽、滑、香和煎、炸、泡、浸、炒、炖等烹饪方法,与英国菜系的烹饪方法结合起来,这在当时福州的广东菜馆里非常出名,如福州的"广复楼""广资楼",以及"广裕""广宜""广升"等。在上海的西餐馆除"广东大菜"外,较出名的还有"宁波大菜"和"上海大菜"。宁波大菜的烹制方法最合上海人的口味,其菜肴以海鲜居多,品味重咸、鲜合一,烹调讲究鲜嫩软滑。上海蕾茜西菜社还因推出了融合中国菜肴的特点创制的"上海西菜"而闻名一时。

最后,在就餐形式上。中国人通过对菜肴的安排,环境的设计,气氛的追求,去敦睦感情进而推行教化,是以群体为本位的人生之道调和的一种写照。而西餐分食制和自助式则同样体现了个体为本位的精神,既便于卫生节俭,又鼓励彼此之间的宽容与感情交流,但这是与中餐合欢制完全相悖的,显然没有会食制热烈隆重和亲密无间。但中餐在感情亲密无间交流的同时,也带来了频繁的箸匙和津液交流,既不卫生也很浪费。因此清末以来一直有医学家和营养学家呼吁,为了健康、卫生而提倡西餐的分食制。分餐制影响了中餐,也逐渐改变了传统的"围餐制"饮食心理与习惯,体现了卫生,有益于人体健康,具实用性及服务的艺术性、创新性,体现了适度节俭、合理饮食的理念,克服了中餐讲究排场、铺张浪费的缺点。分餐制在中餐中的不断推广,实质上最重要的是体现了人们对健康、卫生的最终要求。因此,近年来中餐开始实行"公筷食法",不断研究探讨并推出了"位上"的出餐做法,同时也提高了出品的档次。

(三) 米其林历史

说起米其林餐厅就不得不提《红色指南》。米其林餐厅是被《米其林红色宝典》收录的餐厅。1900年,米其林轮胎的创办人出版了一本供旅客在旅途中选择餐厅的指南《米其林指南》。内容为旅游的行程规划、景点推荐、道路导引等。《米其林红色宝典》又称《米其林红色指南》,每年都会对餐馆评定星级。目前世界各国所推崇的米其林星级餐馆,在最初的《红色指南》中是没有被涉及的。

1900年的万国博览会期间,当时米其林公司的创办人米其林兄弟看好汽车旅行的发展前景。他们认为,汽车旅行越兴旺,他们的轮胎就会卖得越好。因此,他们将餐厅、地图、加油站、旅馆、汽车维修厂等有助于汽车旅行的资讯聚集在一起,出版了随身手册大小的《米其林指南》一书。随后被收录在《米其林红色指南》里的餐馆,就可以被称作米其林餐厅。1923年,米其林"星级餐馆"首次问世。米其林公司把餐馆分为适度(Modest)、一般(Average)、一流水准(First Class),然后并配以一星、二星和三星。但是餐馆的"星级",并不是由米其林公司自己决定的,而是综合读者的意愿后得到的评价。因此米其林公司的《红色指南》中有一句固定语,即"根据曾经光临餐馆的人们的意见"。有关划分等级,在1923年以前,米其林公司的《红色指南》就开始记录了有关葡萄酒和食物的内容,但只是一带而过。

1926年,《红色指南》正式开始用星和点组成的符号来标记餐厅的优良,"米其林星级餐厅"就是从那正式开始的。1926年《米其林红色指南》对餐馆的评级主要分为五个等级:

（1）顶级餐馆（First Class Restaurants）用两颗星和三个点表示；
（2）具有魅力情调的餐馆（Well Appointed Restaurants）用两颗星和两个点表示；
（3）收益出众的餐馆（Restaurants Renowned for Their Food）用两颗星和一个点表示；
（4）一般水准的餐馆（Average Food）用两颗星表示；
（5）简单小餐馆（Simple but Well Maintained Restaurants）用一颗星表示。

1926年之前的《红色指南》只发表相关政府部门或旅游界的普通消息。当时，关于餐馆的评价手册，大部分要么因商业关系而缺乏客观性，要么提供一些已经老旧过时的信息。这些手册只记录了可以去什么地方，却没有记录亲自品尝后的感受。与此相比较，1926年出版的《红色指南》却对巴黎市内主要餐馆和食品专卖店做了很详细和具体的说明。1931年，交叉的汤匙和叉子标志被设计出来表示餐厅的等级。1933年开始，米其林公司开始用三颗星表示最高的餐馆评级，并完全形成了根据走访现场得到的独家评论评定餐馆等级的完整体系。当时，三星级餐馆的标准与现在的很相似。"但是从实质上看，没有其他餐馆能与此相提并论。它是法国饮食文化的精髓"。1933年公布的三星级餐馆共有20家。其中，位于Lucas Carton和Tourd' argent的两家餐馆至今仍存在。1937年，为了便于介绍餐馆，米其林公司开始在《红色指南》中特别制作了地图。地图根据餐馆的星级而表示，非常容易找到。可以说，这本是第一本真正意义上的法国美食地图。

第二次世界大战前，获得米其林公司评定的三星级的餐馆80%在巴黎。例如，1939年14家三星级餐馆有10家就坐落在巴黎和其周边地区。具有地方特色的餐馆大部分是一星级或最多两颗星。米其林公司的餐馆评价标准直到21世纪的今天也没有发生太大的变化。

现在，米其林《红色指南》星级评分已成为全世界最具有权威性的饮食评价系统。2005年，米其林出版了美国指南。2007年，加入了日本篇。2008年，拥有108年悠久历史、享誉盛名的美食手册《米其林红色指南》发行了首本中国美食指南。香港地区获得三星餐厅荣誉的是四季酒店主理广东菜的龙景轩餐厅，餐厅主厨陈恩德成为首位获得米其林3星最高殊荣的中国厨师。截至2012年，米其林红色指南收录的星级餐厅共有2241家，其中三星餐厅106家。

现在，收录在《米其林指南》上的餐馆，至少先要获得到一副刀叉的标记，这种标记是指南对餐馆的基础品评标准，从最高的5副到最低的1副不等，主要表明餐馆的舒适度。

米其林星级是由一批经过筛选的"美食密探"进行评判的，他们被称作"监察员"。监察员每去一家餐厅或酒店进行评判，都需要隐瞒身份悄悄潜入住宿和品评。他

们需要参考的评分项目包括餐厅的食物（60%）、用餐环境（20%）、服务（10%）和酒的搭配（10%）。

一家餐厅的评级，都是由 N 个"美食密探"品鉴＋一年 12 次的造访＋米其林总部评审才能敲定的。

XXXXX	传统奢华
XXXX	绝对舒适
XXX	非常舒适
XX	很舒适
X	舒适
人头	米其林轮胎先生头像：这里有价格合理的美食
两个硬币	两个硬币：提供不超过16欧元的简单餐饮
❀	一颗星：同类别中很不错
❀❀	两颗星：出色，值得绕道前往
❀❀❀	三颗星：出类拔萃，值得专程前往

图1-1 《米其林红色指南》餐厅评鉴符号

● 叉匙

如果一家餐厅的环境特别令人感到愉悦悠闲，叉匙标志就会用红色来替代一般的黑色。以餐厅的表现，给予 1 到 5 个叉匙符号。5 个叉匙：奢华的传统风格；4 个叉匙：至高的舒适享受；3 个叉匙：十分舒适；2 个叉匙：舒适；1 个叉匙：基本舒适。

● 人头标志

人头意指米其林推荐的道地小馆 Bib Gourmand（Bib 就是米其林轮胎人的名字 Bibendum），提供不错的食物和适当的价格。

● 两个硬币

这标志被称为 piecettes，就是小硬币的意思，带有这个标志的餐厅，表示提供不超过 16 欧元的简单餐饮。

● 星星等级

米其林餐厅评分系统共有三个等级：

一颗星：值得停车一尝的好餐厅（这样的叙述当然是因为米其林是做轮胎的）；两颗星：一流的厨艺，提供极佳的食物和美酒搭配，值得绕道前往，但花费不低；三颗星：完美而登峰造极的厨艺，值得专程前往，可以享用手艺超绝的美食、精选的上佳佐餐酒、零缺点的服务和极雅致的用餐环境，但是要花一大笔钱。

米其林餐厅在法国、欧洲、美洲、亚洲、中国都有分布。作为米其林的发源地，法国是米其林星级餐厅最多的国家。其中法国菜作为米其林餐厅的传统菜肴，更是历久弥新，深受世界各地美食爱好者的喜爱。2013年2月18日公布的2013年版《米其林红色指南》，法国新添一家最高级别的三星餐馆——南部旅游胜地圣特罗佩市的"金潮"餐馆。米其林最新版美食指南显示，法国及其周边共有27家三星餐馆，82家两星餐馆和487家一星餐馆，其中有10家三星餐馆集中在巴黎。在欧洲其他国家，米其林认可的餐厅也是不计其数，其中意大利拥有最多的米其林星级餐厅，德国则拥有最多的三星级米其林餐厅。另外，欧洲还有西班牙、葡萄牙、比利时、卢森堡、英国、爱尔兰、瑞典、荷兰和瑞士等国家入选星级餐厅。作为美洲的代表，美国第一版米其林指南于2005年首次问世，当时收录的多为纽约餐厅。而后，旧金山和芝加哥等地的餐厅也逐渐受到了米其林的认可。因美洲多为移民国家，其菜式也多参照欧式风范，因而衍生了新系列的西式美食，在世界各地刮起了西餐之风。2007年，日本料理的一丝不苟为其赢得了米其林在亚洲的首轮关注，之后美食侦探开始踏足中国的香港和澳门，作为中西文化的交汇地带，香港和澳门的餐厅也很快获得了星级米其林餐厅的称号。

2016年9月21日上午，《米其林指南上海2017》正式发布，这是米其林2016年在全球发行第28本米其林指南，也是在中国大陆地区发行的第一本。其中1家餐厅获得三星，7家餐厅获得二星，18家餐厅获得一星，以及25家必比登美食推介餐厅。其中，米其林一星餐厅有：艾利爵士、大董（环贸广场）、大董海参店（越洋广场）、鹅夫人（莘庄）、菲霓丝、福和慧、家全七福（嘉里中心）、金轩、老干杯、老正兴、利苑（国金中心）、利苑（环贸广场）、迷上海、南麓浙里、苏浙总会、泰安门、新荣记（上海广场）、雍颐庭。米其林二星餐厅有：81/2Otto e Mezzo BOMBANA、L'ATELIER de Joël Robuchon、喜粤8号、ultral violet、逸龙阁、雍福会、御宝轩。米其林三星餐厅有唐阁（Tang Court）。

任务二 认知西餐

一、西餐的分类

西餐是地域饮食文化概念，是我国对欧美地区菜肴的统称，是一种泛指。按大范围的区域划分，西餐可以分为3类：欧式西餐、东欧式（也称俄式）西餐、美式西餐，如表1-1所示。

表1-1 西餐区域的分类

西餐种类	代表国家	风味特点
欧式西餐	以英、法、德、意等西欧国家为代表	选料精纯、口味清淡、款式多，制作精细
俄式（东欧式）西餐	以前苏联为代表	味道浓，油重，以咸、酸、甜、辣皆具而著称
美式西餐	在英国菜基础上发展起来	继承了英式菜简单、清淡的特点，口味咸中带甜

如果进一步按国家细分，则可分为英国菜、法国菜、俄国菜、美国菜、意大利菜以及德国菜等。值得注意的是，西餐只是相对于东方饮食而言，西方饮食文化中并没有"西餐"这一整体概念，而是各国独有的如法国菜、意大利菜、俄国菜等具体风格和概念。

二、西餐的特点

长时间的文化积淀与美食相结合，使得各个国家的菜系自成风味、各具风格。总的来说，与中餐或其他东南亚国家的饮食相比较，西餐具有以下鲜明特点。

（一）重视各类营养成分的搭配组合

西餐极重视各类营养成分的搭配组合，充分考虑人体对各种营养（糖类、脂肪、蛋白质、维生素）和热量的需求来安排菜或加工烹调。

（二）选料精细，用料广泛

西餐烹饪在选料时十分精细、考究，而且选料十分广泛。如美国菜常用水果制作菜肴或饭点，咸里带甜；意大利菜则会将各类面食制作成菜肴，各种面片、面条、面花都能制成美味的席上佳肴；而法国菜，选料更为广泛，诸如蜗牛、洋百合、椰树芯等均可入菜。

（三）讲究调味，注重色泽

西餐烹调的调味品大多不同于中餐，如酸奶油、桂叶、柠檬等都是常用的调味品。法国菜还注重用酒调味，在烹调时普遍用酒，不同菜肴用不同的酒作调料；德国菜则多以啤酒调味，在色泽的搭配上则讲究对比、明快，因而色泽鲜艳，能刺激食欲。

（四）工艺严谨，器皿讲究

西餐的烹调方法很多，常用的有煎、烩、烤、焖等十几种，而且十分注重工艺流程，讲究科学化、程序化，工序严谨。烹调的炊具与餐具均有不同于中餐的特点。特别是餐具，除瓷制品外，水晶、玻璃及各类金属制餐具占很大比重。

三、西餐基本礼仪

（一）用餐顺序

首先，我们应对西餐的用餐顺序有所了解，如表1-2所示。

表1-2　用餐顺序

用餐的不同场合	用餐顺序
正式的宴请	头盘、汤、沙拉、副菜、主菜、甜点、咖啡或茶
便餐	先点主菜，然后根据主菜点出开胃菜、汤和甜点，不必面面俱到

（二）用餐礼仪

在西餐的用餐过程中，我们需要在哪些方面遵守用餐礼仪呢？（如表1-3所示）

表1-3　用餐礼仪

西餐用餐	用餐礼仪
落座	1.坐姿要正，身体要直，脊椎不可紧靠椅背，一般坐于座椅的3/4即可 2.落座后，将餐桌上的餐巾花取下后应两边对折或折成三角形摆放在腿部，不能将餐巾披在领口。不可将腿在桌下向远处伸，不能跷起二郎腿，也不要将胳膊肘放到桌面上

续表

西餐用餐	用餐礼仪
用餐中	1.进餐过程中相互交谈是很正常的现象,但切不可大声喧哗,放声大笑,也不可在餐桌旁抽烟 2.取食时不要站立起来,拿不到的食物应请别人传递,就餐时不可狼吞虎咽。对自己不愿吃的食物也应要一点放在盘中,以示礼貌。有时主人劝客人添菜,如有胃口,添菜不算失礼,相反,主人也许会引以为荣。添菜需用公共餐具。同时,与中餐习惯不同,西餐中切忌用自己的餐具为别人布菜 3.进餐过程中不能中途退席,如有事确需离开应向左右的客人小声打招呼
用餐结束	应向主人表示感谢和对食物、酒水的赞赏

(三)西餐餐具的使用

(1)正式宴请中,每道菜配有不同的刀叉;进餐过程中应根据上菜顺序从外向内取用刀叉,要左手持叉,右手持刀;使用刀叉时,尽量不发出太大的响声。

(2)切东西时用左手拿叉按住食物,右手执刀将其切成适当的小块,然后用叉子送入口中;大块的食物应随吃随切而不是一次性切好搁在盘中逐块叉食;使用刀时,刀叉不可向外。

(3)盘内剩余少量菜肴时,不要用叉子刮底盘,更不要用手指相助食用,应以小块面包或叉子相助食用;吃面条时要用叉子先将面条卷起,然后送入口中。

(4)如需中途离席而又未用完时,应将刀叉呈"八"字形摆放在餐盘边上,表示还要继续吃,如图1-2所示;每吃完一道菜,将刀叉平行斜放在餐盘中,如图1-3所示。

图1-2 需继续使用

图1-3 已用完可撤

(5)喝汤时不可以汤盘就口,不要啜,应用汤勺从里向外舀出送入口中;不要舔嘴唇或咂嘴发出声音;汤盘中的汤快喝完时,可以用左手将汤盘的外侧稍稍抬起,用汤勺舀净即可。吃完汤菜后,将汤匙留在汤盘(碗)中,匙把指向自己。

(6)谈话过程中,可以拿着刀叉,无须放下,但若需要做手势时,就应放下刀叉,切忌手执刀叉在空中挥舞摇晃,也不要一手拿刀或叉,而另一只手拿餐巾擦嘴,也不可一手拿酒杯,另一只手拿叉取菜;进食应细嚼慢咽,嘴里不要发出很大的声响,更不能边吃边说。

(7)除用刀、叉、匙取送食物外,如吃鸡、龙虾时,必要时也可用手取食物;吃饼干、薯片或小粒水果,可以用手取食;吃带骨食物时应先将骨头去掉,不要用手拿着吃;吃鱼、肉等带刺或骨的菜肴时,不要直接将骨头或刺吐出,应用餐巾捂嘴轻轻吐在叉上放入盘内。吃鱼时不要将鱼翻身,要吃完上层后用刀叉将鱼骨剔掉后再吃。

(8)面包则一律手取,注意取自己左手前面的,不可取错;面包不可以直接拿着咬而应掰成小块送入口中;如需涂抹黄油或果酱,也应先将面包掰成小块再抹。

(9)餐桌上,通常会备有盐、胡椒粉等佐料供客人自行取用,如果距离太远,可以请人帮忙传递过来,切忌自己起身去拿。

四、西餐服务方式

西餐服务经过多年的发展,各国和各地区都形成了有自己的特色。西餐的服务常采用的方法有法式服务、俄式服务、美式服务、英式服务和综合式服务等。

(一)法式服务

1. 法式服务特点

传统的法式服务在西餐服务中是最豪华、最细致和最周密的服务。通常,法式服务用于法国餐厅,即扒房。法国餐厅装饰豪华、高雅,以欧洲宫殿式为特色,餐具常采用高质量的瓷器和银器,酒具常采用水晶杯。通常采用手推车或旁桌现场为顾客加热和调制菜肴及切割菜肴等服务。在法式服务中,服务台的准备工作很重要。通常在营业前做好服务台的一切准备工作。法式服务注重服务程序和礼节礼貌,注重服务表演,注重吸引客人的注意力,服务周到,每位顾客都能得到充分的照顾。但是,法式服务节奏缓慢,需要较多的人力,用餐费用高。餐厅空间利用率和餐位入座率都比较低。

2. 法式服务方法

(1)法式服务的摆台

法式服务的餐桌上先铺上海绵桌垫,再铺上桌布,这样可以防止桌布与餐桌间的滑动,也可以减少餐具与餐桌之间的碰撞声。摆装饰盘,装饰盘常采用高级的瓷器或银器等。将装饰盘的中线对准餐椅的中线，装饰盘距离餐桌边缘1~2厘米。装饰盘的上面放餐巾。装饰盘的左边放餐叉，餐叉的左边放面包盘，面包盘上放黄油刀。装饰盘的右边放餐刀，刀刃朝向左方。餐刀的右边常放一个汤匙。餐刀的上方放各种酒杯和水杯。装饰盘的上方摆甜品的刀和匙。

（2）传统的二人合作式的服务

传统的法式服务是一种最周到的服务方式，由两名服务员共同为一桌客人服务。其中一名为经验丰富的正服务员，另一名是助理服务员，也可称为服务员助手。正服务员请顾客入座，接受顾客点菜，为顾客斟酒上饮料，在顾客面前烹制菜肴，为菜肴调味，分割菜肴，装盘，递送账单等。助理服务员帮助服务员现场烹调，把装好菜肴的餐盘送到客人面前，撤餐具和收拾餐台等。在法式服务中，服务员在客人面前作一些简单的菜肴烹制表演或切割菜肴和装盘服务。而他的助手用右手从右侧送上每一道菜。通常，面包、黄油和配菜从客人左侧送上，因为它们不属于一道单独的菜肴。从客人右侧用右手斟酒或上饮料，从客人右侧撤出空盘。

（3）上汤服务

当客人点汤后，助理服务员将汤以银盆端进餐厅，然后把汤置于熟调炉上加热和调味，其加工的汤一定要比客人需要量多些，方便服务。当助理服务员把热汤端给客人时，应将汤盘置于垫盘的上方，并使用一条叠成正方形的餐巾，这条餐巾能使服务员端盘时不烫手，同时可以避免服务员把大拇指压在垫盘的上面，汤由正服务员从银盆用大汤匙将汤装入顾客的汤盘后，再由助理服务员用右手从客人右侧服务。

（4）主菜服务

主菜的服务与汤的服务大致相同，正服务员将现场烹调的菜肴，分别盛入每一位客人的主菜盘内，然后由助理服务员端给客人。如正服务员为顾客服务牛排时，助理服务员从厨房端出烹调半熟的牛肉、马铃薯及蔬菜等，由正服务员在客人面前调配作料，把牛肉再加热烹调，然后切肉并将菜肴放在餐盘中，正服务员这时应注意客人的表示，看他要多大的牛排。同时，应该配上沙拉，服务员应当用左手从客人左侧将沙拉放在餐桌上。

（二）俄式服务

1. 俄式服务特点

俄式服务是西餐普遍采用的一种服务方法。俄式服务的餐桌摆台与法式的餐桌摆台几乎相同。但是，它的服务方法不同于法式。俄式服务讲究优美文雅的风度，将装有整齐和美观菜肴的大浅盘端给所有顾客过目，让顾客欣赏厨师的装饰和手艺，同时也刺激了顾客的食欲。俄式服务，每一个餐桌只需要一个服务员，服务的方式简单快速，服务时不需要较大的空间。因此，它的效率和餐厅空间的利用率都比较高。由于俄式服务使用了大量的银器，并且服务员将菜肴分给每一个顾客，使每一位顾客都能得到尊重和较周到的服务，因此增添了餐厅的气氛。由于俄式服务是从大浅盘里分菜，因此，可以将剩下的、没分完的菜肴送回厨房，从而减少不必要的浪费。俄式服务的银器投资很大，如果使用和保管不当会影响餐厅的经济效益。在俄式服务中，最大的问题是最后分到菜肴的顾客，看到大银盘中的菜肴所剩无几，总有一些影响食欲的感觉。

2. 俄式服务的方法

（1）分发餐盘

服务员先用右手从客人右侧送上相应的空盘，开胃菜盘、主菜盘、甜菜盘等。注意冷菜上冷盘，即未加热的餐盘，热菜上热盘，即加过温的餐盘，以便保持食物的温度。上空盘依照顺时针方向操作。

（2）运送菜肴

菜肴在厨房全部制熟，每桌的每一道菜肴放在一个大浅盘中，然后服务员从厨房中将装好菜肴的大银盘用肩上托的方法送到顾客餐桌旁，热菜盖上盖子，站立于客人餐桌旁。

（3）分发菜肴

服务员用左手以胸前托盘的方法，用右手操作服务叉和服务匙从客人的左侧分菜。分菜时以逆时针方向进行。斟酒、斟饮料和撤盘都在客人右侧。

（三）美式服务

1. 美式服务特点

美式服务是简单和快捷的餐饮服务方式，一名服务员可以看数张餐台。美式服务简单、速度快，餐具和人工成本都比较低，空间利用率及餐位周转率都比较高。美式服务是西餐零点和西餐宴会理想的服务方式，广泛用于咖啡厅和西餐宴会厅。

（1）美式服务的餐桌上先铺上海绵桌垫，再铺上桌布，这样可以防止桌布与餐桌间的滑动，也可以减少餐具与餐桌之间的碰撞声。桌布的四周至少要垂下 30 厘米。但是，台布不能太长，否则，影响顾客入席。有些咖啡厅在台布上铺上较小的方形台布，这样，重新摆台时，只要更换小型的台布就可以了，可以节约大台布的洗涤次数。同时，也起着装饰餐台的作用。通常，每两个顾客使用糖盅、盐盅和胡椒瓶各一个。

（2）将叠好的餐巾摆在餐台上，它的中线对准餐椅的中线，餐巾的底部离餐桌的边缘 1 厘米。两把餐叉摆在餐巾的左侧，叉尖朝上，叉柄的底部与餐巾对齐。在餐巾的右侧，从餐巾向外，依次摆放餐刀、黄油刀、两个茶匙。刀刃向左，刀尖向上，刀柄的底部朝下，与餐巾平行。面包盘放在餐叉的上方。水杯和酒杯放在餐刀的上方，距刀尖1厘米，杯口朝下，待顾客到餐桌时，将水杯翻过来，斟倒凉水。

2. 美式服务方法

在美式服务中，菜肴由厨师在厨房中烹制好，装好盘。餐厅服务员用托盘将菜肴从厨房运送到餐厅的服务桌上。热菜要盖上盖子，并且在顾客面前打开盘盖。传统的美式服务，上菜时服务员在客人左侧，用左手从客人左边送上菜肴，从客人右侧撤掉用过的餐盘和餐具，从顾客的右侧斟倒酒水。目前，许多餐厅的美式服务上菜服务从顾客的右边，用右手，顺时针进行。

（四）英式服务

英式服务又称家庭式服务。其服务方法是服务员从厨房将烹制好的菜肴传送到餐厅，由顾客中的主人亲自动手切肉装盘，并配上蔬菜，服务员把装盘的菜肴依次端送给每一位客人。调味品、沙司和配菜都摆放在餐桌上，由顾客自取或相互传递。英式服务家庭的气氛很浓，许多服务工作由客人自己动手，用餐的节奏较缓慢。在美国，家庭式餐厅很流行，这种家庭式的餐厅采用英式服务。

（五）综合式服务

综合式服务是一种融合了法式服务、俄式服务和美式服务的综合服务方式。许多西餐宴会的服务采用这种服务方式。通常用美式服务上开胃品和沙拉；用俄式或法式服务上汤或主菜；用法式或俄式服务上甜点。不同的餐厅或不同的餐次选用的服务方式组合也不同，这与餐厅的种类和特色、顾客的消费水平、餐厅的销售方式有着密切的联系。

（六）自助式服务

自助式服务是把事先准备好的菜肴摆在餐台上，客人进入餐厅后支付一餐的费用，便可自己动手选择符合自己口味的菜点，然后拿到餐桌上用餐。这种用餐方式称为自助餐。餐厅服务员的工作主要是餐前布置，餐中撤掉用过的餐具和酒杯，补充餐台上的菜肴等。

五、西餐宴会类型与特点

西餐宴会是按照西方国家的礼仪习俗举办的宴会。其特点是遵循西方的饮食习惯，采取分食制，以西餐为主，用西式餐具，行西方礼节，遵从西方习俗，讲究酒水与菜肴的搭配，其布局、台面布置和服务都有鲜明的西方特色，突出西方的民族文化传统。

（一）西餐宴会的主要形式

由于举办宴会的目的、宴请的对象、人数的不同，西餐宴会的形式也有所差异，主要形式有以下三种：

1. 正式宴会

正式宴会通常是政府和团体等有关部门为欢迎应邀来访的宾客或来访的宾客为答谢主人而举行的宴会。这种宴会适宜招待规格较高、人数不是很多的客人。由于不同国家和民族的生活习惯不同，在菜点内容的安排上也有所不同。正式宴会有时要安排乐队奏席间乐。宾主按身份排位就座。许多西方国家的正式宴会十分讲究排场，在请柬上注明对客人服饰的要求。从服饰规定上来体现宴会的隆重程度，这是西餐宴会较突出的方面。另外，对餐具、酒水、菜肴道数、陈设以及服务员的装束、仪态都有严格的要求。

2. 冷餐酒会

冷餐酒会的特点是不排席位，既可在室内、院里，又可在花园里举行。菜点的品种丰富多彩，以冷食为主，可上热菜。菜肴提前摆在食品台上，酒水陈放在桌上，供客人自取，宾客可自由活动，多次取食，亦可令服务员端送。可设小桌、椅子，供宾客自由入座，也可以不设座位，站立进餐。根据宾主双方的身份，冷餐酒会的规格和隆重程度可高可低，举办时间一般在中午12时至下午2时或下午6时至8时。这种形式多为政府部门或企业界举行人数众多的盛大庆祝会、欢迎会、开业典礼等活动所采用。

3. 鸡尾酒会

鸡尾酒会是具有欧美传统的集会交往形式。鸡尾酒会以酒水为主，略备小吃食品，形式较轻松，一般不设座位，没有主宾席，个人可随意走动，便于广泛接触交谈。食品主要是三明治、点心、小串烧、炸薯片等，宾客用牙签取食。鸡尾酒和小吃由服务员用托盘端上，或部分置于小桌上。酒会举行的时间较为灵活，中午、下午、晚上均可，可作为晚上举行大型宴会的前奏活动；或结合记者招待会、新闻发布会、签字仪式等活动举办。请柬往往注明整个活动延续的时间，宾客可在其间任何时候到达或退席，来去自由，不受约束。鸡尾酒会以饮为主，以吃为辅，除饮用各种鸡尾酒外，还备有其他饮料，但一般不上烈性酒。

（二）西餐宴会的主要特点

西餐宴会虽然同一般就餐在内容上没有本质区别，但在服务程序（如图1-4）和内容等方面具有以下特点。

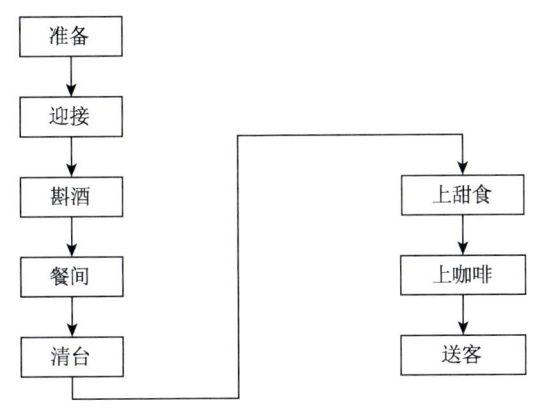

图1-4 西餐宴会服务程序

1. 西餐宴会是一种重要的交际形式

国际交流、政府、社会团体、单位、公司或个人之间进行交往，经常运用宴会这种交际方式来表示欢迎、答谢、庆贺。人们也常在品佳肴琼浆、促膝谈心、交朋友的过程中疏通关系，增进了解，加深情谊，解决一些其他场合不容易或不便于解决的问题，从而实现社交的目的。

2. 西餐宴会讲究规格和气氛

西餐宴会一般要求格调高、有气氛、排场，服务工作周到细致。它对菜品的要求较高，对台面设计、环境布置、灯光、音响、前台、后台工作等都十分讲究，要求宴会部技术人员通力合作才能保证宴会成功，并要始终保持宴会祥和、欢快、轻松的旋律，给人以美的享受。

3. 西餐宴会是用酒菜款待聚到一起的众多来宾

赴宴者通常由四种身份的人组成，即主宾、随从、陪客与主人。其中，主宾是宴会的中心人物，常安排在最显要的位置就座，宴会中的一切活动都要围绕他进行；随从是主宾带来的客人，伴随主宾，烘云托月，其地位仅次于主宾；陪客是主人请来陪伴客人的，有半个主人的身份，起着积极的作用；主人即办宴的东道主，宴会要听从他的调度与安排，以达到他的宴请目的。

4. 西餐宴会注重接待礼仪

西餐宴会礼仪是西方国家赴宴者之间互相尊重的一种礼节仪式，也是西方国家人民出于交往的目的而形成的为大家共同遵守的习俗，其内容广泛，如要求酒菜丰盛，仪典庄重，场面宏大，气氛热烈；讲究仪容的修饰、衣冠的整洁、表情的谦恭、谈吐的文雅、气氛的融洽以及餐室的布置、台面的点缀、上菜的程序等。重大国宴、专宴除了注意上述种种问题之外，还要考虑因时配菜、因需配菜，尊重宾主的民族习惯、宗教信仰、身体素质和嗜好忌讳等。

任务三　走进赛事

一、大赛介绍

全国职业院校技能大赛（以下简称"大赛"）是由中华人民共和国教育部发起，联合国务院有关部门、行业和地方共同举办的一项全国性职业院校学生竞赛活动。大赛旨在树立"人人成才"的人才观念，引导建立符合职业教育规律的人才评价体系；推动职业院校专业建设与教学改革，提高职业教育人才培养的针对性和有效性。经过多年努力，大赛已发展成为全国各地积极参加的职教界年度盛会。

针对大赛如何组织、怎样申请承办校、怎样报名成为参赛院校等关注度较高的问题，以下做简要介绍。

（一）大赛组织

1. 组织机构

（1）行政机构

全国职业院校技能大赛设全国职业院校技能大赛组委会（以下简称"大赛组委会"）、全国职业院校技能大赛执行委员会（以下简称"大赛执委会"）。各分赛区设全国职业院校技能大赛分赛区组织委员会、执行委员会。各赛项机构包括赛项执行委员会及下设专家工作组和组织保障工作组（见图1-5）。

西式宴会服务项目举办过程中应严格按照全国技能大赛组织制度的要求设置组织机构、控制组织流程（见图1-6）。

（2）社会机构

全国职业院校技能大赛在组织过程中，除行政机构外，还有相关社会机构的参与与实施，其中包括中国职业技术教育学会、院校技能竞赛工作委员会等。

中国职业技术教育学会作为学术性的社会团体，代表成员由全国各地、各领域、

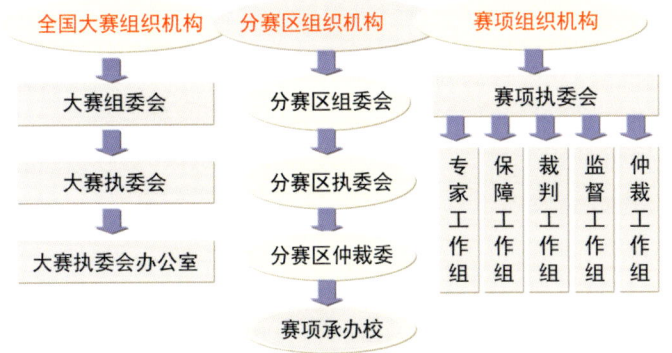

图1-5 全国职业院校技能大赛组织机构

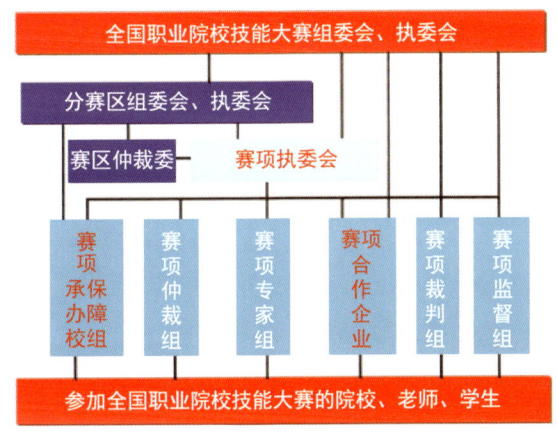

图1-6 全国职业院校西式宴会服务赛项组织结构

各行业人士构成,主要涉及领域为中高职职业教育与研究,例如,职业指导、职教师资、中专、职业高中、职教装备等工作委员会,高等职业教育研究所等。此社会团体的加入,可以在赛前赛项遴选、专业赛题、竞赛经费、赛项规程等方面提供参考建议,可以对赛中竞赛流程及操作规范进行观摩指导,可以对赛后成果转化项目提供建议。

院校技能竞赛工作委员会由竞赛承办校相关人员组成,负责竞赛的具体实施,例如,竞赛场地布置、竞赛用具提供、竞赛后勤保障等。该社会团体虽然是临时组建,但其是保证竞赛正常举办、顺利完成的最基本环节。

2. 职能分工

(1) 大赛组委会

全国职业院校技能大赛组织委员会是全国职业院校技能大赛的最高领导决策机构,主要职责包括:

确定大赛定位、办赛原则及组织形式。

审定大赛发展规划、赛项范围及实施方案。

确定大赛年度赛区安排。

审定大赛相关制度。

指导开展全国职业院校学生技能竞赛。

（2）大赛执委会

全国职业院校技能大赛执行委员会在大赛组委会领导下开展工作，负责赛事组织与管理。大赛执委会设办公室，负责日常事务，开展各项工作。大赛执委会主要职责包括：

组织研制大赛规划与实施方案。

组织开展赛项技术方案评估、研讨与遴选。

组织遴选分赛区。

制定大赛相关制度。

审定赛项组织机构，核准赛项执委会、专家、裁判、监督及仲裁人员资格。

协调、监督各赛区、赛项组织筹备与实施工作。

设计、实施大赛企业合作计划。

审核与发布赛项竞赛规程和技术方案，核准竞赛成绩。

核准各赛项的办赛经费和预决算。

组织开展赛事宣传、国际交流、赛事成果转化、人员培训等其他赛务工作。

（3）分赛区组织机构

全国职业院校技能大赛各分赛区组织机构业务上接受大赛执委会领导。分赛区组委会和执委会主任委员为大赛组委会和执委会委员。

● 分赛区组委会

全国职业院校技能大赛各分赛区组织委员会是本赛区赛事组织的领导决策机构，组委会主任原则上应为承办地分管教育的副省级领导。

● 分赛区执委会

全国职业院校技能大赛各分赛区执行委员会负责落实本赛区承办赛项的赛务统筹与实施，落实各项申办承诺，落实大赛执委会要求的其他工作。

分赛区执行委员会负责协调赛场（区）的所在地人民政府，做好赛场（区）赛务与安全保障的统筹、协调工作，包括协调竞赛场馆，协调赛项执委会和承办院校，配合赛项专家组落实比赛条件，参赛人员接待，赛区国际交流，落实相关经费等工作。

（4）赛项组织机构

全国职业院校技能大赛各赛项成立赛项执行委员会，下设专家工作组和组织保障工作组。各赛项组织机构须经大赛执委会核准发文后成立。

● 赛项执行委员会

比赛项目执行委员会全面负责本赛项的筹备与实施工作，接受大赛执委会领导，接受赛项所在分赛区执委会的协调和指导。赛项执委会的主要职责包括：领导、组织和协调赛项专家工作组和组织保障工作组的工作，管理赛项经费，选荐赛项专家工作组人员及裁判与仲裁人员，负责赛项安全工作等。

● 赛项专家工作组

比赛项目专家工作组在赛项执委会领导下开展工作，负责本赛项技术文件编撰、赛题设计、赛场设计、设备拟定、赛事咨询、竞赛成绩分析和技术点评、赛事成果转化、赛项裁判人员培训、赛项说明会组织等竞赛技术工作；同时负责赛项展示体验及宣传方案设计。

● 赛项组织保障工作组

各比赛项目组织保障工作组在赛项执委会领导下，负责赛项的具体保障实施工作。组长由赛项承办院校主要领导担任。组织保障工作组主要职责包括：按照赛项技术方案要求落实比赛场地及基础设施，赛项宣传，组织开展各项赛期活动，参赛人员接待，比赛过程文件存档等工作，赛务人员及服务志愿者的组织，赛场秩序维持及安全保障，赛后搜集整理大赛影像文字资料上报大赛执委会等。组织保障工作组按照赛项预算执行各项支出。

（二）大赛承办申报

1. 申报单位

省（自治区、直辖市）教育厅（教委）、计划单列市和新疆生产建设兵团教育局（或联合相应级别其他部门）可根据当地实际情况，向全国职业院校技能大赛执委会办公室（教育部职业教育与成人教育司）提出设立分赛区申请。

2. 承办基本条件

具备成功举办行业技能竞赛、省级或国家级技能大赛的经验，遵循大赛理念，遵守大赛制度，服从全国职业院校技能大赛组委会、执委会的领导。

赛项承办院校的综合实力在省内名列前茅。以国家中、高职改革发展示范校为主体，适当兼顾其他专业特色学校。原则上一所院校承办赛项数量不超过5个。

所申报赛项相关专业建设水平领先。与所申报承办赛项相关专业至少为省级品牌、特色专业，具有一流的师资和实训条件。

具备良好的产业环境，所申报的项目与当地的优势产业高度吻合，与当地企业具有良好的校企合作关系。

满足所申报赛项的办赛场地需求。原则上可容纳 75 个代表队参赛，设施优良。有满足赛项举行赛事相关活动的礼堂、会议室、体育馆等。

具备较强的接待能力。区位优势明显，交通便捷。赛点周围宾馆数量充足、住宿环境良好，能够满足来宾、专家、裁判和参赛选手的住宿需求。

由承办院（校）主要领导牵头，成立各职能部门参与的赛项组织保障工作组。编制周密完善的赛事组织方案，设置赛项宣传组、赛项现场组、赛项联络组、后勤保障组、赛项接待组等职能小组，编制有关应急工作预案。

具备开放办赛的条件。能够做到在不影响比赛的前提下，预留足够空间安排参观通道或安排特定区域作为观摩区。对声音，光线无特殊要求的项目，要求在同一场地安排现场观摩；对声音，光线有特殊要求的竞赛项目，要求做到用通透设施隔离后安排观摩；对不能现场观摩的项目，能安排实况转播。

能全方位宣传大赛。邀请到国家、省、市媒体，通过网络、电视、报刊等多种途径对大赛进行赛前、赛中、赛后全过程的宣传报道。

（三）大赛报名

1. 组织单位

全国职业院校技能大赛以省、自治区、直辖市、新疆生产建设兵团、计划单列市（以下简称"省"）为单位组织报名参赛。报名通过全国职业院校技能大赛网络（http://www.nvsc.com.cn/）报名系统统一进行。

2. 参赛资格

（1）高职组参赛选手须为高等学校全日制在籍学生；本科院校中高职类全日制在籍学生可报名参加高职组比赛。五年制高职学生报名参赛的，四、五年级学生参加高职组比赛。

（2）高职组参赛选手年龄须不超过 25 周岁。

（3）凡在往届全国职业院校技能大赛中获一等奖的选手，不再参加同一项目同一组别的赛项。

（4）各地区的省内参赛选拔、名额分配和参赛师生资格审查工作主要由省级教育行政部门负责。大赛执委会办公室有对参赛人员资格进行抽查的权力。

二、赛事回顾

截至2016年,西式宴会服务项目全国赛共举办过三次,均由南京旅游职业学院(南京旅游职业学院创办于1978年,学院素有"中国旅游人才摇篮"和"中国酒店业黄埔军校"的美誉,是中国旅游"五星联盟"学校之一,全国酒店高级管理人才培训基地)承办。在大赛承办过程中,该校严格遵循大赛的相关文件要求,在大赛、分赛区组委会的领导下,在赛项执委会的指导下顺利、圆满完成大赛的组织工作,为全国参赛院校、专家、教师、学生及观摩者们呈现了一场视觉盛宴。较之前两次竞赛,2016年大赛在申报、报名、办赛等环节更加成熟。

2016年,西餐宴会服务赛项包括四个环节:西餐摆台、菜单制作、英语解说、酒水调制。较之2015年,2016年赛程取消了彩虹鸡尾酒调制,调整为抽签鸡尾酒和爱尔兰咖啡制作;增加了侍酒服务环节。去掉彩虹酒,改主题鸡尾酒为五款经典鸡尾酒抽签调制,是想以此引导循序渐进、稳扎稳打的教学方法与教学理念,解决前两次竞赛中出现的选手基本功不扎实的问题;增加爱尔兰咖啡制作,不仅因为它是一款特殊的鸡尾酒,能够深化学生对鸡尾酒的认知,还因为它的调制极具技巧性,更能考验学生的技能、耐力和灵活性;增加侍酒服务环节使竞赛更加贴合餐厅服务实际。从2016年的竞赛来看,选手们基本能在规定时间内完成六人台西餐宴会摆台,体现出基本职业素养;选手们基本能在教师的指导下设计并呈现各类宴会主题、调制抽签鸡尾酒、调制爱尔兰咖啡。

三届比赛竞赛裁判均采取"各省推荐、随机抽取"的方式聘得,促使裁判能够本着"公平公正"的原则进行评判。值得一提的是,本次竞赛继续邀请了来自我国台湾省的高雄餐旅大学的国际专业裁判游达荣教授(游教授曾在全世界九个国家与地区从事酒店运营管理工作30余年,具有丰富的国内外酒店行业实战经验)。竞赛前,游教授对裁判进行统一培训,以保证裁判能够进行专业的评判;竞赛后,游教授又对整个竞赛过程进行了专业、严谨的点评。

项目二
竞技篇

任务一 比赛准备

一、仪容仪表

仪容仪表主要包括仪容、仪表和着装等几个方面。这是每位选手在比赛前必须准备好的，在操作比赛过程中将会进行专项检查，并打分。根据评判标准，男女生的仪容仪表主要有以下要求：

（一）男士

仪容部分：要求头发后不及领、侧不盖耳，干净、整齐，着色自然，发型美观大方；面部不留胡须及长鬓角；手及指甲干净，指甲修剪整齐，不宜过长。

服装部分：要求服装符合主题要求，整齐干净，无破损，无丢扣，熨烫挺括。工装鞋符合岗位或主题要求，鞋子一般为黑颜色皮鞋，干净，擦拭光亮，无破损；穿深色袜子，无褶皱，无破损。

仪表部分：要求举止大方，自然，优雅；注重礼节礼貌，面带微笑。这部分内容除了专项检查时有评分外，在整个操作过程中也是重要的考核内容。

（二）女士

仪容部分：要求头发后不过肩、前不盖眼，干净、整齐，着色自然，发型美观大方。女士应化淡妆，手及指甲干净，指甲修剪整齐，不宜过长，不涂有色指甲油。

服装部分：要求服装符合主题要求，整齐干净，无破损，无丢扣，熨烫挺括。工装鞋应为符合岗位或主题要求的鞋子，鞋子一般为黑颜色皮鞋，干净，擦拭光亮，无破损；女士应穿浅色丝袜，无褶皱，无破损。

仪表部分：不佩戴过于醒目的饰物；举止大方，自然，优雅；注重礼节礼貌，面带微笑。该部分要求贯穿于整个比赛过程之中。

二、工作台准备

（一）大赛提供的物品

本次大赛为了减轻参赛队的运输负担，统一配备了部分比赛物资，以供各参赛队选择。提供的物品如下：

（1）家具类。包括一张标准比赛用西餐桌（240厘米×120厘米，见图2-1），六把宴会椅（含米色椅套，见图2-2）。

图2-1　比赛用餐桌　　　　　图2-2　比赛用椅子

关于餐椅的尺寸说明：

椅背的最宽处是42厘米，后椅腿下方的最宽处是46厘米，前椅腿下方最宽度为46厘米，椅子腿侧面下方的最宽度为51厘米。椅背顶端到地面的垂直高度是94厘米，椅面距地面为48.5厘米，椅面与椅背顶端斜下方高度为53.5厘米，前后宽度参考椅子腿侧面下方的最宽度为52厘米，椅子坐面的厚度是8毫米，椅面下端加上金属部分，长度为44.5厘米。（为方便使用，建议制作椅套时将尺寸放大2厘米左右）。

（2）瓷器。六套花纹、颜色各异的摆台用瓷器，包括展示盘、吐司盘、黄油碟、椒盐瓶和牙签盅。参赛选手可以根据各自提前确定的主题，选择相应颜色和图纹的瓷器。

第一套：痕（见图2-3）

图2-3　痕瓷器图

第二套：凡思蔓（见图 2-4）

图2-4　凡思蔓瓷器图

第三套：链（见图 2-5）

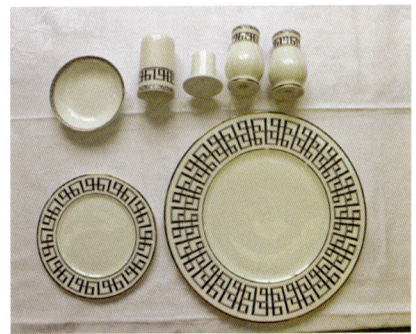

图2-5　链瓷器图

第四套：丝绸之路（见图 2-6）

图2-6　丝绸之路瓷器图

第五套：装甲（见图2-7）

 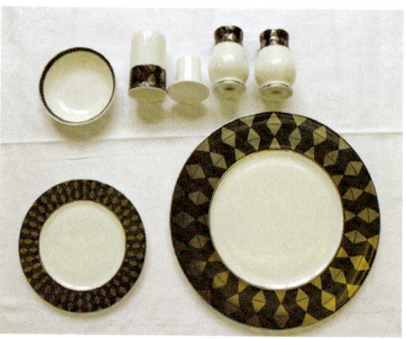

图2-7　装甲瓷器图

第六套：游弋（见图2-8）

图2-8　游弋瓷器图

（3）不锈钢餐具。两套摆台用不锈钢餐具，包括开胃品刀叉、汤匙、鱼刀鱼叉、主菜刀叉、黄油刀、甜品叉匙。

第一套是选用的Pama品牌（见图2-9）。

图2-9　摆台用不锈钢餐具

图示说明：

1号为甜品勺，长18.5厘米；2号为甜品叉，长18.8厘米；3号为从右向左依次为主菜叉，长20.7厘米、鱼叉、开胃品叉；4号为主菜刀，长22.5厘米；5号为鱼刀，长21厘米；6号为汤勺，长20.2厘米；7号为开胃品刀，长18.6厘米。

第二套为扁平式西餐餐具（见图2-10）。

图2-10　扁平式西餐餐具图

（4）杯具。包括两种款式的水杯、白葡萄酒杯、红葡萄酒杯。一套为"Libby"品牌（见图2-11），一套为意大利"RCR"水晶杯（见图2-12）。

图2-11　"Libby"品牌杯具　　　图2-12　意大利"RCR"水晶杯

（5）其他。包括操作过程中使用到的托盘、红白葡萄酒、水扎壶，以及烛台、蜡烛、服务巾等物品。

（二）选手自备物品

为了较好地体现和表述西餐宴会主题，本次大赛允许选手自带台布、口布、椅套和中心装饰品。

选手自备的台布规格为200厘米×162.5厘米，两块，颜色自定。折口布花用口布6块，规格为50~55厘米×50~55厘米。

（三）工作台准备

每位选手先将所有比赛物品摆上工作台，比赛前有2分钟时间再准备。在准备时间内，选手将根据自己的操作习惯，再次清点比赛用物品，整理工作台。

工作台的准备应注意以下几点：

（1）清点和确认餐具、杯具、布件、中心装饰物等各类用具，确保使用数量充足，防止遗漏。

（2）用干净的口布或服务巾擦拭餐具和杯具，确保所有不锈钢餐具、玻璃杯等无污渍、无手印痕。

（3）工作台物品摆放。根据使用习惯，将各类餐器具、用具分类、分划空间，整齐摆放。

（4）工作台检查。工作台面各类物品要求摆放整齐，四周不超出工作台边，一方面是安全需要，防止操作过程中身体碰掉物品，另一方面是整洁美观的需要。此外，需要注意的是工作台下包装盒等其他物品不宜超出台裙，以免影响工作台的整洁和美观（见图2-13）。

图2-13 工作台准备规范

任务二 台面操作

一、托盘的基本方法

托盘分轻托、重托等方式。在常规服务中,一般使用轻托比较多。轻托分理盘、装盘、起托、托盘行走、卸盘等几个步骤。

(一)理盘

理盘即整理托盘,是托盘操作开始前的准备工作。主要工作是将托盘整理干净、擦净水渍等。

(二)装盘

装盘是使用托盘服务的前提。装盘的原则是:高的、重的在里边,矮的、轻的在外边。所谓里边是指托盘靠近身体的一侧,外边则是指离身体稍远的一侧。这样装盘的目的是为了托盘更稳,减少不必要的事故。

(三)起托

托托盘起托的方法是:膝盖微屈,上身尽量保持正直,右手将托盘拉出工作台,左手伸入盘底，五指张开托住托盘中心（见图2-14），随后身体直立，同时将托盘平稳托起。身体直立后，左手掌心向上，五个指肚及掌缘贴住盘底，掌心不与托盘接触。左手肘弯曲成90度，自然放于身侧，与腰部留出摆动空隙。

（四）托盘行走

待托盘平稳后，将右手自然垂于身侧。托盘行走时应目视前方，面带微笑，脚步轻稳，右手自然摆动，托盘也可随身体的摆动而小幅自然摆动（见图2-15）。

图 2-14　起托托盘　　　　图2-15　托盘行走

（五）卸盘

走到工作台前，右手轻扶托盘边，膝盖微屈，上身尽量保持正直，左手将托盘架在工作台上，抽左手，右手将托盘完整地推入工作台里（见图2-16）。

图2-16　卸盘

二、铺台布的基本方法

西餐台布的铺法和中餐不同，铺台布时动作不宜过大，因此，推和退是西餐铺台布最常用的方法。具体做法如下：

（一）转椅

用脚尖做支点将副主人位一侧的餐椅侧转 90 度，先铺第一块台布（见图 2-17）。

图2-17 转椅

图2-18 抓边

（二）抓边

将折叠好的台布横向打开，将垂直的中缝对准桌子的纵轴，用拇指与食指均匀地捏住台布边的左右两侧，左右手臂张开距离相等（见图 2-18）。

（三）推铺

身体前倾，将拎起的台布向餐桌中央推去，同时放开下层台布边（见图 2-19）。

（四）退拉

采用退拉的方式，将台布边退边拉，并抓住第一层台布边缘徐徐将台布拉正，放下下垂部分（见图 2-20）。台布铺好后，椅子归位。

图2-19 推铺

图2-20 退拉

（五）铺第二块台布

站在主人位，重复上述四步动作，将第二块台布铺好。两块台布铺好后，应做到台布四边下垂均匀，凸线朝上，与正副主人位构成的中心线一致（见图2-21）。靠近主人位置的台布压在靠近副主人位置的台布上，两块台布重叠5厘米，两块台布凸线对正、对齐，台面平整、美观。

图2-21 铺好的台面

三、餐椅定位

餐椅定位的基本方法：

（1）从主人位开始按顺时针方向摆设，操作从座椅正后方进行。

（2）用双手握住椅子的椅背两侧，轻轻将椅子往外移出，用膝盖顶住椅背下半部，轻轻将椅子往前推至相应位置。相对座椅的椅背中心对准，进行定位。

（3）座椅边沿与下垂台布相距1厘米。

（4）座椅之间距离基本相等。

四、展示盘的摆放

展示盘,又称装饰盘。展示盘摆放的基本方法为:

(1)将口布或服务巾两次对折后,成正方形,将展示盘放置在口布上,用左手托起展示盘(见图2-22)。

(2)定位时,手拿装饰盘的手法,与中餐不同,需右手持盘,采用抠盘的方式,握展示盘右侧操作(见图2-23)。

图2-22　托展示盘

图2-23　展示盘定位

(3)从主人位开始顺时针方向摆设。

(4)定位时要求展示盘中心与餐椅中心对准(见图2-24)。

(5)展示盘之间的距离均等(见图2-25)。

图2-24　展示盘与餐椅中心对准

图2-25　展示盘间距均等

五、刀、叉、勺的摆放

刀、叉、勺的摆放是西餐宴会台面设计的关键,每件餐具摆放的位置要准确、合理，符合规范，摆放过程中的操作动作要轻，拿餐具的方法要正确，餐具之间的距离要符合规定要求。具体摆放方法和要求如下：

（1）首先，将开胃品刀叉、汤勺、鱼刀叉、主刀叉、甜品叉、甜品勺等整理好放入托盘。可以根据操作习惯选用圆形托盘或方形托盘（见图2-26）。

（2）从主人位右侧开始顺时针方向摆设。摆餐具时，左手托托盘，右手放置餐具。餐具拿法是：右手大拇指与食指抓餐具颈部的两侧，应尽量减少手指和餐具的接触面积，以免在铮亮的不锈钢餐具上留下指纹印或手指痕迹（见图2-27）。

图2-26 摆放餐具的托盘

图2-27 摆餐具

（3）摆放餐具时，从展示盘边开始，刀、叉、勺由内向外摆放。先从展示盘右侧1厘米起，从左到右，依次摆放主菜刀、鱼刀、汤勺、开胃品刀，所有刀勺垂直于桌边沿，刀与刀间距为0.5厘米。

（4）再从装饰盘上方1厘米起，从下往上，平行于桌边沿摆放甜品叉（叉头朝右）、甜品勺（勺头朝左），叉与勺间距0.5厘米（见图2-28）。

图2-28 摆甜品叉、勺

(5)最后走向主人位左侧,从装饰盘左侧1厘米起,从右到左,依次摆放主菜叉、鱼叉、开胃品叉,所有餐具垂直于桌边沿,叉与叉间距0.5厘米。

(6)刀、叉、勺距西餐桌边沿间距为:鱼刀和鱼叉是5厘米,其他餐具均为1厘米(见图2-29)。鱼刀、鱼叉与其他餐具距离桌边不同也是一种设计,主要是为了餐具摆放有错落,增加观感,实际工作中也可以与其他餐具一样,都距桌边1厘米。

图2-29 摆好餐具后的台面

(7)主人位餐具摆好后,按顺时针方向,依次摆放下一个餐位的餐具,直至6个餐位的餐具全部摆完。

六、面包盘、黄油碟、黄油刀摆放

面包盘(又称吐司盘)、黄油碟、黄油刀是在所有餐位不锈钢餐具摆放完成后再进行摆放的。摆放的基本方法如下:

(1)将面包盘、黄油刀、黄油碟放入托盘中(见图2-30)。

(2)左手托托盘,右手放置餐具。从主人位开始顺时针方向摆放,摆放顺序依次为:面包盘、黄油刀、黄油碟(见图2-31)。

图2-30 面包盘等放入托盘

图2-31 摆放面包盘等

（3）摆放面包盘等餐具时，站立在餐位左侧，面包盘右侧边沿在开胃品叉左侧1厘米处，面包盘中心和展示盘中心的连线在一条直线上，并与西餐桌边沿平行。

（4）将黄油刀摆放在面包盘内右侧（具体位置视餐具规格而定，大约在1/3处），黄油刀与其他刀叉平行。

（5）在黄油刀上方摆放黄油碟，黄油碟与黄油刀的刀尖间距3厘米，黄油碟左侧边沿与面包盘中心线相切。

（6）顺时针摆完全部餐位。

七、杯具摆放

西餐宴会台面设计中，杯具通常使用三种，即冰水杯、红葡萄酒杯和白葡萄酒杯。由于托盘空间有限，摆放杯具时通常分两次进行，也就是每次摆放三个餐位。三套杯摆放的基本方法如下：

（1）先将第一批的3只水杯、3只红酒杯、3只白酒杯整理放入托盘（见图2-32）。用正确的方法将杯子托到餐位旁。

（2）从主人位开始，按顺时针方向摆放。摆放顺序依次为：白葡萄酒杯、红葡萄酒杯、水杯（见图2-33）。

图2-32　三套杯装盘

图2-33　摆放杯具

（3）站立在餐位右侧，首先放入白葡萄酒杯。摆放位置在开胃品刀的正上方，杯底中心在开胃品刀的中心线上，杯底距开胃品刀尖2厘米。

（4）三杯成斜直线，向右与水平线呈45度角，各杯身之间相距约1厘米。杯间距按照约定俗成的方法，敞口形郁金香杯通常是按照两杯最接近的距离点计算，圆肚子形的酒杯则按照杯肚之间的距离计算（见图2-34）。

图2-34　杯间距

（5）摆放杯具时，一般手持杯脚操作。对于直筒形杯具，通常拿杯子的下半部，切忌拿杯口部分。

（6）沿顺时针方向走回工作台，将剩余3套杯整理装盘，并按照同样的方式，顺时针进行摆放。

八、中心装饰物摆放

中心装饰物由于是每个台面主题展现的重要内容,因此,每个台面都进行了精心准备和设计。大多数情况下,中心装饰物都会有一个底盘,各种小件装饰物在底盘上有设计地摆放,形成完整的装饰主景。

操作时,中心装饰物可以徒手摆放(见图 2-35)。选手可以将设计好的装饰物一次性摆放在餐桌中央,也可以分批组合,形成整体。

图2-35　装饰物摆放

西餐宴会服务赛项的装饰物要求放置于餐桌中央位置,两侧均等地压在台布中线上,不能偏移。此外,为了美观和用餐需要,装饰物主体高度不能超过 30 厘米,因为超过此高度将会遮挡客人视线,不便于客人交流。

将中心装饰物置于餐桌中央和台布中线上;花瓶(花坛或其他装饰物)的高度不得超过 30 厘米。可徒手拿花瓶进行操作。

九、烛台摆设

烛台是西餐宴会台面设计中能够起到画龙点睛作用的物件,常见的有三头烛台、五头烛台等,近几年开始流行单头烛台,且蜡烛的颜色也多姿多彩,可以很好地与主题台面的色彩相呼应。

烛台摆放通常也是采用徒手操作的方式进行(见图 2-36)。摆放时,要求烛台与中心装饰物(花瓶、花坛及其他装饰)距离均等,并未强调两边间距 20 厘米,因为主题台面中心装饰物的设计变化较大,这样可以给中心装饰物留出足够的设计空间,从而使台面更丰富多彩。此外,烛台底座中心压台布中凸线,两个烛台方向一致,并与杯具呈直线平行等都属于烛台摆放的基本要求。

图2-36　摆放烛台

十、椒盐瓶、牙签盅摆放

椒盐瓶、牙签盅摆放的基本方法为：

（1）将2套牙签盅、椒盐瓶整理放入托盘。

（2）牙签盅定位。牙签盅与烛台相距10厘米；牙签盅底座中心压在台布中凸线上（见图2-37）。

图2-37　摆放椒盐瓶、牙签盅

（3）椒盐瓶定位。椒盐瓶与牙签盅相距2厘米；椒盐瓶两瓶间距1厘米；左椒右盐；椒盐瓶间距中心对准台布中凸线，分列在台布中缝两侧，两瓶连线与中缝垂直。

十一、餐巾折花

西餐宴会服务赛项中要求台面设计的餐巾折花采用盘花,并要求要突出正副主人位,也就是说,6个餐位,只需要折3种花型即可。

餐巾折花(见图2-38)要求在提供的平盘中进行,折叠方式不限,给选手在花型选择上留出了巨大发挥的空间,因此,餐巾折花可以很好地与台面主题相结合,并适当展现台面主题思想。

图 2-38　餐巾折花

餐巾折花评判的要求主要包括:

造型美观、大小一致。这是考核选手餐巾折花的技巧。

突出正副主人。这是考核选手选择花型。

摆放一致。这是餐巾摆放的基本要求,即餐巾正面必须朝向客人。

左右成一条线。主要是看餐桌长边两个餐位的餐巾摆放是否在一条直线上,主人和副主人位的餐巾是否在一条线上等。

十二、斟倒酒水

西餐宴会服务赛项要求选手为3个餐位的客人提供斟倒酒水服务,包括侍酒。斟倒酒水的基本方法:

(1)将红葡萄酒、白葡萄酒用服务口布进行包瓶;另外一条服务口布进行4次折叠,作为斟酒时的服务巾。

(2)将酒拿到客人面前,注意避免摇晃。侍酒时,站于正确服务位置,右手扣住包好的酒瓶颈部,左手持服务巾托住瓶底,酒标朝向客人,告知客人酒水酒名、产区、年份、品种等信息，以待客人确认。侍酒后，斟倒少量酒水给主人或点酒者试酒，然后按顺时针方向倒酒。注意白、红葡萄酒都要试酒。

（3）从主人位开始顺时针方向服务，斟倒的顺序依次为：水、白葡萄酒、红葡萄酒。

（4）在客人右侧服务（见图2-39），水倒入杯中6~8成满，结束时需要用口布将扎壶口进行擦拭，要求各杯水容量均等（见图2-40）。

图2-39　斟水

图2-40　擦拭扎壶口

（5）酒标朝向客人，白葡萄酒、红葡萄酒倒入杯中3~5成满，要求同类酒液容量均匀。

（6）斟葡萄酒的基本技巧为：斟完酒后做到停、抬、转、收，然后用服务巾擦拭瓶口，尽量减少或没有滴酒。

任务三　菜单设计

一、西餐宴会菜单规范

（一）传统西餐宴会上菜顺序

一般情况下，传统的西餐正餐要由下列八道菜肴组成。其菜序既复杂又非常讲究。

1. 开胃菜

开胃菜又称开味菜、开胃小菜，西餐中也叫头盆、前菜，食用时间通常在主菜上菜之前，有时也和主菜一起上，但不影响主菜。开胃菜的主要功能是刺激味蕾，以达到增加食欲的作用。这些菜肴的量和味道都和主菜完全不同。

开胃菜一般风味独特，有一些咸味或酸味，菜肴量较少，通常以水果、蔬菜为主。此外还有腌制或熏制的海鲜、肉类，或用新鲜的水产配以美味的汁及一些酸菜沙拉等。常见的品种有：

（1）鱼子酱（Caviar）：是鲟鱼（Sturgeon）或三文鱼（Salmon）的鱼卵（Roe），经腌制而成，以黑色和鲜红色最为名贵。食用时一般配多士、柠檬（Lemon）、蛋黄、蛋白（Egg Yolk, Egg White）、洋葱碎（Chopped Onion）。

（2）鹅肝（Foie Gras〈F〉）：用强制喂食方法储肥的鹅肝，可作鹅肝酱（Terrine），或嵌入面包、馏饼中制成烘干的酥皮卷（Goose Liverin-Pastry），也可加红酒（Red Wine）和香料水果（如苹果）煎制后食用。

（3）腌银鱼（Anchovy）：银鱼属沙丁鱼，常被腌制后加橄榄油（Olive Oil）浸制而成。腌银鱼也是西餐中常用的调味原料。

（4）生蚝（Fresh Oyster）：用新鲜的生蚝（牡蛎）加柠檬汁、鸡尾汁（番茄汁加辣油汁）和生蚝汁—醋（Vinegar）、干葱（Shallot）、白兰地（Brandy）食用；也可在生蚝面上加不同香料烘制（Gratinee）而成。

（5）熏三文鱼（Smoked Salmon）：将三文鱼用烟熏制而成，食用应搭配柠檬、洋葱片等，现也有不少人喜欢吃生三文鱼（Fresh -Salmon），食用时要配日本芥末（Japanese Mustard）。

（6）蜗牛（Escargot）：以蜗牛为原料，有多种烹制方法，一般是用各种香料和白酒（White Wine）填馅后烘制（Baked）而成。

（7）小虾鸡尾杯（Shrimp Cocktail），在小杯内混合放一些蔬菜和煮熟的小虾（Shrimp），食用时配用柠檬和鸡尾汁（Cocktail Sauce）。

（8）一些腌制食品制成的菜肴，如把巴麻火腿（Parma Ham）、意式沙拉米（Salami Sausages）、烟制海鲜（Smoked Eel、Oyster、OX-Tongue、Salmon、Trout 等）切成片铺放在有生菜（Lettuce）的碟上。

2. 面包

西餐正餐面包一般以切片面包为主，此外还有牛角包（Croissant）、全麦包（Whole-Wheat Bread）等，吃面包时，可根据个人口味，涂上黄油、果酱或奶酪。

3. 汤

西餐中的汤有两大类，即浓汤和清汤。汤的品种也很多，比较有特色的是罗宋汤、蘑菇忌廉汤、意大利蔬菜汤、法式洋葱汤。汤很讲究，西餐中的汤一般都比较浓郁，熬制时间长，味道多样，而且很多有甜甜的奶油香味。

4. 主菜

西餐主菜的内容十分广泛，包括了水产类菜肴、畜肉类菜肴、禽肉类菜肴和蔬菜菜肴。

正式的西餐宴会上，一般要上一个冷菜（开胃菜或冷菜），两个热菜。两个热菜中，通常先上一个鱼类菜，由鱼或虾以及蔬菜组成。另一个是肉类菜，这是西餐中的大菜，也称为主菜，从生产原料来看，主要有牛、羊、猪、家禽、野味、海鲜等。肉类菜肴主要生产方法有煎、炸、烤、扒、焖、蒸等。上主菜时一般需要使用蔬菜作为配菜，偶尔也会用面条、米饭作为配菜，配菜常置于主菜的上端，配菜与主菜合理搭配，既保持菜肴营养均衡，又使出品和谐统一。汁（Sauce）是传统西餐主菜调味中不可缺少的东西，一般包括黑椒汁、蘑菇汁、红酒汁等。

5. 点心

一般正式西餐用过主菜后，还要上一些蛋糕、饼干、吐司、三明治等西式点心。

6. 甜品

点心之后，接着上甜品，最常见的有冰激凌、布丁等。

7. 水果

吃完甜品，一般还要摆上干鲜果品。

8. 热饮

在宴会结束前，还要为用餐者提供热饮，一般为红茶或咖啡，以帮助消化。西餐的热饮，可以在餐桌上饮用，也可以换个地方，到休息室或客厅去喝。

（二）现代西餐宴会菜单内容

随着时代的进步和发展，西餐进餐方式也在发生变化。现代西餐宴会用餐内容在传统宴会基础上已经大大简化，用餐菜肴的道数也略有减少。常见的菜肴包括：

（1）开胃菜；

（2）汤；

（3）副盘（沙拉或鱼类菜肴）；

（4）主菜；

（5）甜品；

（6）咖啡或茶。

2016年西餐宴会服务赛项中菜单设计部分的竞赛内容也是希望参赛选手根据上述6项内容开列菜单，选择菜肴内容。赛前提供的参考菜肴内容也分六大类菜肴选项。

从西餐宴会台面设计提供的餐器具角度来看，上述内容除"咖啡或茶"外，其他内容与台面餐具的配置也基本吻合，菜肴品种与餐具种类基本匹配。

二、菜肴与酒水搭配

西餐用餐十分讲究菜肴与酒水的合理搭配。以酒配菜，相得益彰。人们在长期的饮食过程中总结出了一套菜肴与酒水搭配的基本规律，即口味清淡的菜式与香味淡雅、色泽较浅的酒品相配，深色的肉禽类菜肴与香味浓郁的酒品相配，餐前选用旨在开胃的各式酒品，餐后选用各式甜酒以助消化。

西餐用餐过程中很少使用烈性酒，基本是以葡萄酒作为主要的配酒，根据用餐习惯，葡萄酒分为餐前酒、佐餐酒和餐后甜酒三类。

（1）餐前酒，也叫开胃酒。是在用餐之前饮用，或在吃开胃菜时饮用。开胃酒除具有生津开胃功能的葡萄酒外，更多使用的是以葡萄酒为酒基生产的专门的开胃酒，如法国和意大利产的味美思等，此外也可以使用具有开胃功能的鸡尾酒。

（2）佐餐酒，是在正式用餐期间佐助主要菜肴的酒水。选择佐餐酒的一条重要原则是"白酒配白肉，红酒配红肉"，白肉主要包括鱼肉、海鲜等，需要用白葡萄酒佐助；红肉指的是猪、牛、羊肉等，需要用红葡萄酒佐助。

（3）餐后酒，主要是餐后饮用，用以助消化的酒水。常用的有酒精度数相对高一些的葡萄酒，或者以葡萄酒为酒基生产的强化葡萄酒。

2016年西餐宴会服务赛项在菜单设计竞赛单元，要求选手能够对菜单中相应菜肴进行酒水搭配。具体搭配多少酒水并没有明确规定，但从菜单设计的要求看，原则上可以搭配酒水的菜肴包括开胃菜、鱼类菜和肉类菜（主菜）。选手在制作菜单时，只要有两款及两款以上的菜肴有相应酒水搭配即可。

关于搭配酒水在菜单中的表述，有两种基本方法，一是在菜单中心页部分，左边对应相应菜肴，填写酒水，右边写菜肴（如图2-41）；一是在相应菜肴下方填写搭配的酒水的名称。

酒水名称书写时，必须把葡萄酒的酒名、年份、产地书写完整，三者缺一不可。因为世界各地葡萄酒的命名虽有区别，但因为用葡萄名命名葡萄酒是很多地区常用的命名方式，如果酒名信息不全容易造成客人误会。

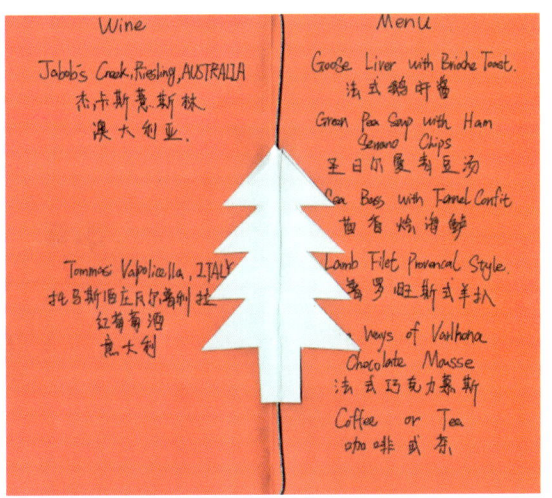

图2-41　菜单设计中酒水搭配的写法

三、艺术审美素养

（一）菜单设计和制作的原则

无论是零点还是宴会，菜单设计和制作应遵循以下原则：

1. 以顾客需求为导向

餐厅要以顾客需求为导向，顾客喜欢吃什么菜，吃什么档次的菜必须清楚。因为满足顾客需求是餐厅经营制胜的根本，所以菜单设计也必须体现顾客的需求。顾客的需求不同，菜单的设计是完全不同的。

2. 体现餐厅的特色

餐厅首先要根据自己的经营方针来决定提供什么样的菜单。菜单设计要尽量选择反映本店特色的菜肴列于菜单上，进行重点推销。

设计菜单一定要突出你的特色，突出你的"拿手好菜"和"拳头产品"，把它们放在菜单的醒目位置，单列介绍，只有体现了自己的特色，才能给顾客留下深刻的印象。

3. 不断创新以适应新形势

顾客的口味和餐饮的发展形势在不断变化，所以菜单也要推陈出新。如果一份菜单长期不换，会缺乏吸引力，从而失去顾客；菜单长期不换，会影响菜肴的正常供应，也不利于厨师烹调技艺的提高。菜单变更除了考虑季节因素以外，还要注意顾客饮食习惯的变化，例如在营养、健康和健美等方面的饮食要求。

4. 菜单形式美观大方

菜单不仅是餐厅的宣传工具，它也是艺术品。所以菜单的式样、大小、颜色、字体、纸质、版面安排需要与餐厅的等级和气氛相协调，要与餐厅的陈设、布置、餐具、服务人员的服装相适应。美观大方的菜单，对增加菜品的销售是有帮助的。

5. 能创造经济效益

餐厅经营的最终目的是为了盈利，所以设计菜单时不仅要考虑到菜品的销售情况，更要考虑其盈利能力。如果菜的价格过高，顾客就可能接受不了；如果菜的价格过低，又会影响毛利，甚至可能出现亏损。因此，设计菜单时，应适当降低高成本菜的毛利而提高低成本菜的毛利，以保证在总体上达到规定的毛利率。

6. 量力而行，确有把握

以自己的能力为依据设计菜单，才能确保其发挥最佳的效用。所以，菜单设计者应对餐厅的生产能力做到心中有数，且具备过硬的生产服务技艺，保证所选择的菜品质量能达到预期的效果。这就要求在策划菜品时应充分考虑厨房生产人员的技术水平，同时要配有生产许多菜品的相关设备。

总之，在设计菜单时，要综合考虑上述几项原则和依据，只有如此，才能制定出较为科学合理的菜单。对于新制定的菜单，餐厅还必须对其进行测试，经过分析完善后才正式投入使用。

（二）菜单的装帧设计技巧

菜单的装帧设计主要包括封面设计、式样选择、图案文字说明等主要内容。菜单设计必须把顾客的需求放在第一位，优先考虑他们的消费动机和心理因素，然后以此为依据，做好各步骤工作。在具体设计和制作菜单时，要合理运用下述几项技巧：

1. 菜单的制作材料

菜单的制作用好材料不仅能很好地反映菜单的外观质量，同时也能给顾客留下较好的第一印象。因此，在菜单选材时，既要考虑餐厅的类型与规格，也要顾及制作成本，根据菜单的使用方式合理选择制作材料。一般来说，长期重复使用的菜单，要选择经久耐磨又不易沾染油污的重磅涂膜纸张；分页菜单，往往是由一个厚实耐磨的封面加上纸质稍逊的活页内芯组成。而一次性使用的菜单，一般不考虑其耐磨、耐污性能，但并不意味着可以粗制滥造。高规格的宴会菜单，虽然只使用一次，但仍然要求选材精良，设计优美，以此来充分体现宴会服务规格和餐厅档次。

2. 菜单封面与封底设计

菜单的封面与封底是菜单的"门面"，其设计如何在整体上影响菜单的效果，所以在设计封底与封面时要注意下述四项要求：

（1）菜单的封面代表着餐厅的形象。因此，菜单必须反映出餐厅的经营特色、餐厅的风格和餐厅的等级等特点。

（2）菜单封面的颜色应当与餐厅内部环境的颜色相协调，使餐厅内部环境的色调更加和谐，这样，当顾客在餐厅点菜时，菜单可以作为餐厅的点缀品。

（3）餐厅的名称一定要设计在菜单的封面上，并且要有特色，笔画要简单，容易读，容易记忆，这一方面可以增加餐厅的知名度，另一方面又可以树立餐厅的形象。

（4）菜单的封底应当印有餐厅的地址、电话号码、营业时间及其他的营业信息等，现在很多餐厅设计了可以扫描的二维码，也可以将二维码印在菜单封底，客人通过扫二维码，就可以了解餐厅的所有信息。这样做的目的主要是可以有效发挥菜单的推销作用。

3. 菜单的文字设计

菜单作为餐厅与顾客沟通交流的桥梁，其信息主要是通过文字向顾客传递的，所以文字的设计相当重要。

一般情况下，好的菜单文字介绍应该做到描述详尽，起到促销的作用，而不能只是列出菜肴的名称和价格。如果把菜单与杂志广告相比，其文字撰写的耗时费神程度并不亚于设计一段精彩的广告词。菜单文字部分的设计主要包括食品名称、描述性介绍、餐厅声誉的宣传（包括优质服务、烹调技术等）等三方面的内容。

此外，菜单文字字体的选择也很重要，菜单上的菜名一般用楷体书写，以阿拉伯数字排列、编号和标明价格。字体的印刷要端正，使顾客在餐厅的光线下很容易看清楚。

西餐菜单要使用外文标注菜名，使用英文时要根据标准词典的拼写方法，统一规范，符合文法，防止差错。

菜单的名称和菜肴的说明可用不同的字体，以示区别。

4. 菜单的插图与色彩运用

为了增强菜单的艺术性和吸引力，往往会在封面和内页使用一些插图。使用插图时，一定要注意其色彩必须与餐厅的整体环境相协调。

菜单中常见的插图主要有：菜点的照片、餐厅外貌、本店名菜、重要人物在餐厅就餐的图片。除此之外，几何图案、抽象图案等也经常作为插图使用，但这些图案要与经营特色相对应。

菜单设计制作时色彩的运用也很重要。赏心悦目的色彩能使菜单显得有吸引力，更好地介绍重点菜肴，同时也能反映出一家餐厅的风格和情调。色彩能够对人的心理产生不同的反映，能体现出不同的暗示特征，因此选择色彩一定要注意餐厅的性质和顾客的类型。

5. 菜单的规格和篇幅

菜单的规格应与餐饮内容、餐厅的类型与面积、餐桌的大小和座位空间等因素相协调，使顾客拿起来舒适，阅读时方便，因此菜单的开本和选择要慎重。调查资料表明，最理想的开本为23厘米×30厘米。经营人员确定了菜单的基本结构和内容，并将菜品清单列出后，选择几种尺寸较适合的开本，排列不同型号的铅字进行对比。在篇幅上应保持一定的空白，通常文字占总篇幅的面积不能超过50%。

6. 菜单的照片和图形

为了增加菜单的营销功能，许多餐厅都会把特色菜肴的实物照片印在菜单上，能为菜单增加色彩，增加其美观度，从而加快顾客订菜的速度。但是在使用照片或图片时一定要注意照片或图片的拍摄和印刷质量，否则达不到其预期效果。

此外，许多菜单上的彩色照片还存在着没有对号入座的毛病，即没有将彩色照片、菜品名、价格及文字介绍列在一起。解决这一毛病的最简单的办法就是用黑色线条将其框起来，或用小块彩色面使其凸显出来。

四、菜单设计的艺术审美要求

2015年西餐宴会服务赛项增加了菜单设计制作的内容。从比赛内容来看，菜单设计制作的要求并不高。但是，由于大多数选手缺乏对菜单设计知识的了解，运用能力存在差距，设计制作的菜单总体上有些差强人意。又因为是现场手工制作，所以在菜单设计制作中的艺术审美感也就更加薄弱。

1. 大赛菜单设计制作要求

本次大赛菜单设计制作的要求为：

现场为每位选手提供一份完整的西餐菜肴菜单，由学生从中选择相应菜肴，形成一份与主题相匹配的宴会菜单；并提供相应的菜单制作材料及工具，供学生制作菜单时选择使用。目的是考查学生对西餐宴会菜单规范、菜肴与酒水搭配、成本控制等基础知识的掌握与运用水平，以及结合台面主题进行基本的菜单设计制作的艺术审美水平，让学生充分展示其艺术审美素养。

2. 大赛菜单设计制作内容

从比赛要求来看，要求选手在菜单设计制作时完成以下主要工作内容：

（1）选择菜肴。比赛要求选手从备选菜单中选择与宴会主题相匹配的菜肴，组合成一份完整的西餐宴会菜单。备选菜单提前一个月已经公布，选手和指导老师有充分的时间研究备选菜肴，并结合自己台面的主题进行选择。

首先，在选择菜肴时，应该认真研判台面主题，必须围绕主题挑选菜肴。其次，根据西餐宴会菜单的基本规范，确定菜肴种类和数量。最后，合理组合与排列菜肴，形成完整的菜单。

此外，根据餐具选择菜肴也是必须考虑的重要内容，例如，西餐宴会服务赛项中台面设计摆放了开胃品刀叉、汤匙、鱼刀鱼叉、主菜刀叉、甜品叉匙等，那么，菜单中的菜肴就应该涵盖与这些餐具相对应的菜肴。

（2）选择与菜肴相对应的酒水。酒水搭配是考核选手设计制作菜单内容完整性的一项重要内容。比赛中出现的问题主要有两个：一是没有进行酒水搭配。有些菜单中虽然看到了葡萄酒的影子，但是，放在菜单最后，不知道该款葡萄酒和什么菜肴搭配（见图2-42）。二是搭配错误。错误搭配包括酒水与菜肴没有相对应，或者随便挑选一款酒去配菜肴（见图2-43）。

（3）菜单定价。菜单定价是菜单设计制作的考核内容之一，在预先公布的备选菜单中，已经将每道菜肴的价格进行了标注，供选手选用时参考。宴会菜单与零点菜单不同，一般都是采用整体定价法对整套菜单进行定价，而不是对每道菜标注价格。通常，由于宴会服务本身要求高于零点服务，因此，宴会菜单定价时，总体价格相对要高于零点，因此，菜单的毛利率也会较高。一般酒店的宴会菜单定价时，整套菜单价格通常要高于零点菜肴价格之和的15%~20%。

从比赛作品中可以看出，部分选手对宴会菜单定价的方法还是不熟悉，因此，出现了有些选手将每道菜价格标注出来，或者不标注价格和成本的情况（见图2-44）。

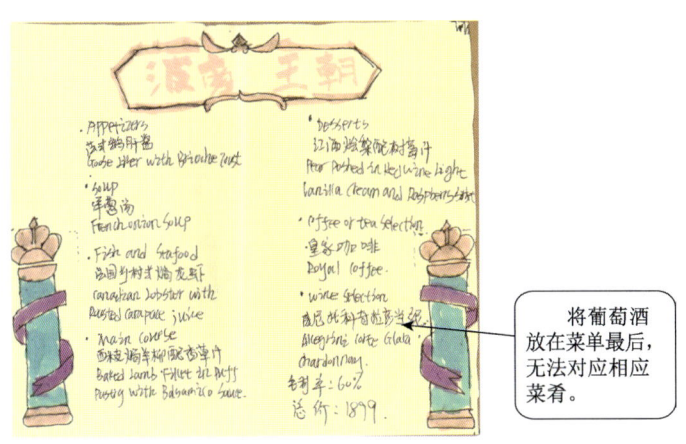

图2-42　葡萄酒放在最后

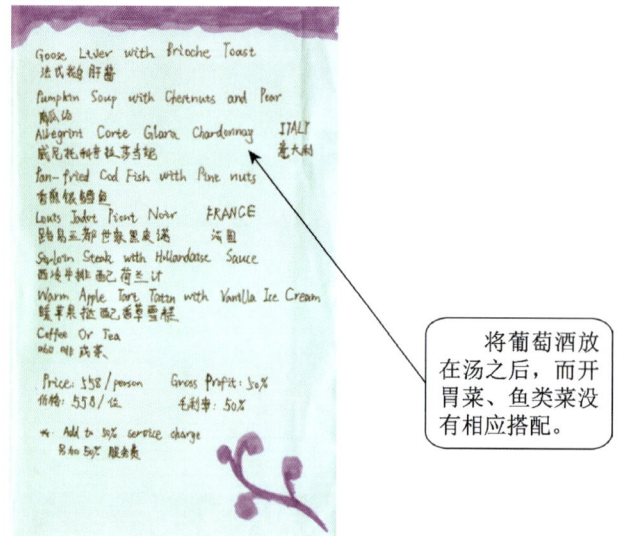

图2-43 胡乱搭配的酒水

图2-44 价格标注不规范的宴会菜单

3. 大赛菜单设计制作艺术审美

本次大赛要求选手现场制作一份主题宴会菜单。为此，赛项组委会事先准备了四款菜单封面和四种颜色的纸张，供选手制作菜单时选用。虽然提供的制作材料在格式、色彩等方面不是很充足，制约了部分选手的发挥空间，但是，总体上提供的材料基本能满足制作需要。

从艺术审美角度判断一份菜单，菜单至少必须满足以下几点：

（1）宴会主题明确。菜单是为主题台面服务的，好的菜单能为台面设计起到画龙点睛的作用，因此，菜单上必须出现宴会主题的名称，一方面是为了让客人了解宴会主题，另一方面，也是菜单设计制作的基本内容和要求。

宴会主题名称可以写在宴会菜单的封面上，也可以出现在菜单的扉页上，总之，必须要有主题名称，否则，这份菜单就不能称之为完整。

（2）字体选择规范，书写工整。因为本次菜单均为选手现场书写，所以，书写的工整度会直接影响菜单的美观度，特别是中、英文的书写，对选手要求较高。此外，对宴会菜单的排列要求，这也会影响菜单的艺术性和美观性。一份优秀的菜单，不但要求字迹工整、清晰，而且菜肴的排列必须整齐，易读性和美观性要强。虽然评分标准中没有对字体规范性的要求，但是，如果书写不工整，影响客人阅读也会给评委留下不好的印象。

（3）菜单内页要适当留白。在书写菜单内容的核心页面，不能因为内容多而写得铺天盖地，不留任何空间，这样会使整个菜单显得杂乱无章。优秀的菜单设计应该在内容的四周都留出一定空间，一方面可以聚焦客人阅读菜单时的目光，另一方面，也会增加菜单的美感，使整个菜单清爽、美观，一目了然。

（4）插图合理。正常情况下，一份好的菜单可以在菜单页配备部分菜肴等的照片，或者部分图片，起到美化菜单的作用。在手工制作时，也可以在有限的时间内给菜单增添一些图片进行装饰，但是，这些插图要使用合理，发挥插图美化菜单的作用，如果插图使用不当，反而会起到喧宾夺主的效果，影响整个菜单的艺术性。

（5）封面、内页颜色搭配合理。菜单封面颜色的选择应与餐台台面主体色调相一致，以保持台面的和谐性。此外，菜单封面颜色和内页颜色的搭配也需要统一、协调，不宜反差太大。

从艺术审美角度分析，图2-45在设计制作时基本满足了上述几个方面的要求，而图2-46、图2-47在设计制作过程中或多或少都出现了一些影响菜单艺术审美的错误。

图2-45 优秀的西餐宴会内页菜单设计　　图2-46 错误的西餐宴会内页菜单设计1

图2-47 错误的西餐宴会内页菜单设计2

任务四　英语台面设计介绍

　　英语台面设计介绍是要求选手在西餐宴会摆台结束后，用英语介绍台面设计主题、设计思路，并现场回答1个根据台面主题设计提出的问题。这一比赛内容的设定，主要是考核选手西餐服务英语的综合运用能力。

　　英语台面设计介绍主要考核选手两方面的内容：一是主题台面设计的内容；二是选手的英语表达能力。

一、主题台面设计的内容

无论是英文介绍还是中文介绍，主题台面设计到底应该包含哪些内容？对于这个问题，很多选手依然不是很清楚。

主题台面介绍内容是基础，也是选手进行介绍的关键，无论选手英语表达水平和能力如何，主题台面设计内容不完整，也会影响到最后的评分。总体来说，主题创意说明应该包括以下几个方面：

（一）主题名称

用非常简洁，能够充分表达主题创意的词汇或短语作为主题的名称。主题名称要求一目了然，能准确表达清楚整个主题的含义，如"一千零一夜""太阳系""速度与激情"等。

（二）主题创意灵感来源

任何一个宴会台面主题设计都会有一个出处，也就是我们说的创作灵感的源泉。例如：宴会主题"Memory"——回忆，创意源自历史上最成功，连续公演最久的音乐剧《猫》中最著名的音乐"Memory"；"圣诞欢乐颂"源自于西方著名的传统节日圣诞节等。

（三）主题创意表现

也就是在西餐宴会台面设计中中心装饰物的设计。主题台面介绍必须将中心装饰物的设计思路，以及表达主题的内容和方式做具体说明。例如，一款"流金岁月"的主题台面对中心装饰物的设计介绍为：台面中心装饰物意境醇厚而悠长——被时间打磨过的照相机留住了幕幕往昔，将岁月中浸透的情谊，穿越时光的流沙，带回到宾客脑海，一一浮现。那浓烈芳香的玫瑰和带有异域气息的红酒，芬芳和色泽均化入款款深情，期待着那些有同样情怀的朋友共赴盛宴，共同追忆那峥嵘岁月里曾经激扬的年华。

（四）台面各元素与主题的呼应

西餐宴会主题设计介绍中各台面元素如何围绕主题进行设计，是台面设计创意的重要内容。这一点，很多参赛选手都忽略了。一个主题创意说明，仅仅靠中心装饰物很难表现清楚，需要诸如展示盘、餐具、口布、椅套等其他因素的配合，各种元素共同组成一个完整的、主体清晰的台面。例如，主题为"太阳系"的台面在各元素与主题呼应关系上是这样描述的：深黑的桌布象征深邃神秘的宇宙，星光闪耀的桌旗被浪漫的烛光点亮，那是璀璨的银河。两颗水晶是银河中最闪亮的星星。餐桌中心火红的花团，象征着地球亿万生命的依仗——太阳。地球以及人类肉眼可见的太阳系金、木、水、火、土五大行星是今天餐盘上的图案，它们围绕着太阳公转、自转。主人位的白色柱状餐巾，像极了一束阳光照耀地球。其余飞船形状的餐巾，则象征人类运用现代科技正在慢慢地揭开宇宙神秘的面纱。

二、英语表达能力

西餐宴会主题设计英语介绍部分是在台面设计内容基础上，考核选手的语言表达能力和解说能力的。在评判标准中，重点关注三个方面的内容：

（一）准确性

主要包括两项内容，一是选手语音语调的准确性，二是主题介绍内容所使用的英语语法和词汇的准确性。

（二）熟练性

主要考核选手对西餐宴会服务岗位的专业英语词汇、语句的掌握程度。例如：宴会摆台中涉及的各类餐器具的英语表述，在菜肴服务、酒水服务中涉及的服务语言的运用等。

（三）语言表述

语言表述包括整体表述的简练性、清晰度和遣词造句的规范性。西餐宴会主题台面英文介绍的主要方式是选手现场向评委口头介绍，这就要求选手应该使用相对口语化的、简洁的语言来表述相关内容，切忌死记硬背，特别是使用过于生僻的词汇、复杂的语法来做介绍，都会引起选手的紧张，从而不能流畅地进行表述。

三、英语台面设计介绍常见的问题

从2013年、2015年、2016年三届西餐宴会服务赛项比赛情况来看，在英语台面设计介绍中，选手常犯的错误有以下几个方面：

（一）背台词而不是讲主题

部分选手在进行台面主题介绍时，不是"讲"，而是"背"。将事先写好的主题创意说明一字不落，完整地背完。与评委之间没有目光交流，与台面布置的内容没有任何联系。

（二）表情紧张，机械呆板

在介绍主题设计时，没有肢体语言，没有手势动作，神情紧张，不是在介绍，而是在背书。

（三）英语口语表达缺乏技巧

在介绍中，一些选手因为没有完全掌握主题内容，因此，语音语调生硬，不会运用朗诵时应该运用的意群停顿，语音语调平淡，甚至因为紧张、背诵等，显得结结巴巴。

（四）不理解主题内容的真正意思

一些选手不了解主题内容的真实含义，在介绍中无法用英语进行交流与沟通，当问及与介绍内容相关的问题时听不懂或回答不出来，即使是简单的问题，都无法回答，仍然离不开一个"背"字。

（五）解说词是由老师或他人代写

解说词是由老师或他人代写，或是对中文解说词进行字对字的翻译。这样做的弊端是，教师的英语水平远远高于学生，他们所写的东西选手不理解，选手只能死记硬背，不能反映选手真实的外语能力。

（六）忽视口语的特点

解说中大量使用长词、生僻词、复杂句、书面语，这就给口语解说带来了麻烦，使得英语解说不够流畅，不够通俗易懂。

（七）按照中文说明进行直译

一些主题创意说明是按照中文语法结构、句式进行的字对字的翻译，不是真正的英文，或者只是英文单词的堆砌，生搬硬套，甚至凭想象翻译出一些中式英文。

四、英语台面设计写作技巧

英语台面设计写作有以下一些技巧：

首先，选手要对主题进行研究，尽量多的掌握相关知识，对主题及设计理念有较为深入的了解；其次，由选手自己撰写英语主题解说词；再次，用简单的、自己懂的英语进行表达，避免使用大词、长词、生僻的词；最后，教师对学生的解说词给予指导与帮助。这样选手在介绍时才能发挥自如，选手也才会知道自己想说什么、在说什么、要沟通什么。

案例一　"速度与激情"主题设计介绍
Fast and Furious

Fast and Furious is an American movie about car racing，which is a very well-known all over the world. From the first movie in 2001 to the seventh in 2015，it has attracted a large amount of fans .We choose "Fast and Furious" theme with the following purpose：firstly，we can review the exciting movie clips with its fans by the film scene shaped; secondly，we want to convey a kind of positive attitude towards life. If you want to do something efficiently，you must be concentrated and passionate.

The theme design of this western food table setting mainly uses three classical colors：black，white and red. In the first place，the dark striped bottom tablecloth symbolizes the racing track. The chequered napkins represent the chequered flags of the choice if the tableware，we choose white silver edge plates，indicating the boundary of the track and the determination to strive for excellence. Then，let's look at the glasses：with beautiful lines，so delicate and transparent，they make a perfect match with the tableware.

On the theme decoration，we choose modern candlestick which is masculine and full of tension，concise but not simple. Our central decoration was modeled on a tall building，red as background shows burny passion. The red Dodge racing car，on the track paved with baby's breath，is galloping among the tall buildings，which is just like the scene of the movie，full of taste. Black symbolizes steady and rigorous; red symbolizes enthusiastic and unrestrained; white symbolizes pure and flawless. So，the table setting is high grade，elegant，and excellent.

案例二　"圣诞欢乐颂"主题设计介绍
Song of Christmas Joy

The theme of this table setting is called "Song of Christmas Joy". The inspiration comes from the Christmas Eve. It embodies the faith in Jesus of western culture and illustrates "Peace and Joy".

Silver white, red and green are chosen as the main colors of the table. In Christmas every household decorates their homes with Christmas colors.

Now, let's have a look at table linens. The tablecloth and chair covers are in superb and gorgeous sliver and grey. They are soft, glossy and make a strong visual impact on guests. Napkins are folded in Christmas tree, bootsand candlesshapes, and please have a look at the bootsand candles with Santa elk napkin ring it underlined the Christmas atmosphere.

Well, let's have a look at the theme. The whole banquet takes Christmas sleigh as the main element of the table. The poinsettia leafs are at the bottom. On the Christmas sleigh there are Santa Claus with a lot of gifts. The snow made of cotton represents the holy snow of the Christmas winter. Beside the Christmas sleigh is a Santa Claus made of chocolate, which shows the feature of the Christmas from the detail. The candystars and reindeers aresome indispensable elements in traditional western Christmas and it strongly highlights a lively and warm feeling.

The table is set for the Christmas Eve family party by the hotel. The menu is special designing for this important day.

任务五　酒水调制

酒水调制是西餐服务的重要服务技能之一。在正规西餐宴会服务中，服务员必须懂得鸡尾酒的调制方法，掌握酒水服务的基本技能。在西餐宴会服务赛项中，设置了酒水调制项目，要求每位选手现场调制一份抽签鸡尾酒和爱尔兰咖啡，以考查选手对鸡尾酒调制方法、操作规范的掌握程度。其中，抽签酒则选择了五款比较经典的鸡尾酒，由选手现场抽签，现场调制其中一款，抽签鸡尾酒基本都是采用摇和法调制。

爱尔兰咖啡是西餐宴会服务中最为常见的一种混合饮料，也是经典的鸡尾酒热饮之一。爱尔兰咖啡的调制既考查选手对混合类饮料的认知，也考查选手调制过程中对各环节的操作技巧的掌握。

一、鸡尾酒的定义与发展

酒品饮料有三种饮用方式：一种是直接饮用，即纯饮，不添加其他酒品和调配料，称之为 Straight Drink；另一种是在酒品饮料中加冰的冰镇饮用方式，称之为 On the Rocks；第三种是将多种酒类、饮料和其他配料辅料调和在一起混合饮用，称之为 Mixed Drink。鸡尾酒则是混合酒品、饮料的一种，现在习惯上通常将鸡尾酒作为混合饮料的总称。

（一）鸡尾酒的定义

鸡尾酒一词英文为"Cocktail"。1806年美国一本名叫《平衡》的杂志首次对鸡尾酒作了详细报道，并对鸡尾酒下了定义："鸡尾酒是由任何蒸馏酒加糖、水和苦精（Bitter）混合而成。"1862年第一本鸡尾酒专著《快乐佳人的伴侣——如何调配饮料》出版，作者是美国纽约大都会饭店和圣路易农庄旅馆的调酒师杰里·托马斯（Jerry Thomas）。

鸡尾酒的定义随着鸡尾酒的发展而不断完善，美国《韦氏辞典》解释为：鸡尾酒是一种量少而冰镇的酒品饮料，它以朗姆酒、威士忌、其他烈酒或葡萄酒为基酒，再配以其他材料，如果汁、蛋、苦精、糖等，以搅拌或摇荡法调制而成，最后再饰以柠檬片或薄荷叶等。鸡尾酒是一种色、香、味、形、意俱佳的艺术酒品，根据美国评酒专家厄恩勃（Embury）及专业权威人士的评价和总结，鸡尾酒应具备以下几方面的特性和作用：

（1）鸡尾酒是增进食欲的滋润剂，即使是以强调味型、含糖量高的酒品、果汁等调制出的鸡尾酒也应符合这个基本范畴。

（2）鸡尾酒是一种含有酒精的混合饮品（无酒精鸡尾酒除外），它能振奋精神，并制造热烈的气氛；鸡尾酒又是精神的缓释剂，它能使人在特定的环境中解除身心疲劳和压力。

（3）鸡尾酒酒体风格卓越精妙，在以基酒为主体的前提下，进行调和，不过甜、过苦、过香，以免掩盖酒品本味而降低了酒品风格。

（4）鸡尾酒必须充分冰镇，从而使酒品更加清爽怡神。

（5）鸡尾酒饮用范围广泛，并可根据饮者的需求量身定做；在饮用方式上讲究时间、地点、场合。

20世纪二三十年代，被称为是鸡尾酒的"黄金时代"，鸡尾酒概念的内涵不断丰富，外延不断扩大，给鸡尾酒下个比较完整系统的定义并非是一件易事，但在鸡尾酒的基本结构、调制方法等方面达成了共识：鸡尾酒是一种色、香、味、形、意俱佳的艺术饮品，它主要以蒸馏酒或酿制酒作为基酒，混合以其他酒、果汁、碳酸类饮料、糖浆等作为调配材料、增色加味材料，采用搅拌、摇荡、分层等方法调制而成，最后倒入鸡尾酒载杯中，并以新鲜的果蔬、绿叶植物等作杯饰。

（二）鸡尾酒的流行和变迁

从广义的范围来说，鸡尾酒与其他酒品同样具有悠久的历史，酒品、饮料混合饮用的方式自人类文明出现之时起，就已客观存在，其起源和发展亦显示出多源头、多走向的特性。公元 17 世纪，有关鸡尾酒的起源及"cocktail"一词的出处众说纷纭，没有准确的定论，但有关鸡尾酒神秘而具有离奇色彩的传说和逸事一直为世人广泛流传，津津乐道。

工业革命使鸡尾酒的调制和饮用发生了质的变化，交通网络的快捷方便使鸡尾酒成了一种世界性的饮料，而此时世界各国人民对鸡尾酒又有了新的认识和演绎，直至今日。

1.17 世纪印度人发明了宾治（Punch）鸡尾酒

1630 年印度人发明了宾治鸡尾酒，由英国人传向世界各地。印度人当初调制的宾治鸡尾酒，以本土产的阿拉克（Arak）蒸馏酒作为酒基，加入糖、青柠汁、香料、水，在大容器中搅拌混合，然后分别舀入酒器中饮用，"Punch"这一名称起源于印度语中的"Panji"，有"5 个"之意，即 5 种原料。

2.现代鸡尾酒的定型和发展

从现代鸡尾酒调制技术的角度分析，加冰冷却和采用调制器具操作而产生的现代鸡尾酒，应出现在 19 世纪后半期，人工制冰机发明后，由此拉开了现代鸡尾酒发展的序幕。

（1）人工制冰机的发明。

1879 年慕尼黑工业大学的卡尔·冯·林德（Carl Von Linde 1842–1934）教授发明并制造出制冰机，故调制鸡尾酒时随时取用冰块来冷却冰镇酒品成为可能。为了使酒品充分地冷却与混合，便出现了摇酒壶、调酒杯、吧匙等调酒器具，在此基础上，现代鸡尾酒的调制法的雏形逐渐建立。

（2）美国禁酒时代被称之为"鸡尾酒的黄金时代"。

1920 年 1 月 17 日至 1933 年 12 月 5 日为美国的禁酒时代，美国禁酒法的颁布改变了每个人的饮酒习惯，从而在美国掀起了饮用鸡尾酒的热潮。在禁酒时代，大力发展了无酒精饮料，例如果汁、碳酸类汽水等。由于禁止在公众场所饮酒，鸡尾酒品开始进入美国人的家庭，讲求生活艺术和品位的鸡尾酒给人们的居家生活带来了乐趣。与此同时，大批热衷于酿酒和调酒事业的酿酒师、调酒师纷纷移居到欧洲各国，美式鸡尾酒文化在欧洲大陆遍地开花，并借此契机，饮用鸡尾酒的方式传播到全世界。

（3）第二次世界大战后，鸡尾酒的调制呈现出多样化、个性化的风格，并融入了各民族的人文精神。

20世纪后半叶，鸡尾酒在全世纪得到了空前的发展，在这个时期，英国、法国、意大利、德国等开辟了鸡尾酒调制的新领域，成为中坚力量，亚洲的日本在鸡尾酒的世界中脱颖而出，成为鸡尾酒调制技术领先和发达的地区。餐饮加娱乐的休闲方式成为主流，尤其是当时流行的摇滚乐和迪斯科，鸡尾酒进入了迪厅、夜总会等娱乐场所，酒类加软饮料和无酒精的鸡尾酒在这股热潮中大放异彩，也使得越来越多的女性成为鸡尾酒的拥趸者。国际调酒师组织的建立并逐渐扩大其组织成员国，促进了全世界调酒师之间的相互切磋交流，推动了全世界调酒水平的平衡发展和提高。

（4）20世纪80年代，健康鸡尾酒的流行。

20世纪80年代，注重健康饮食、追求体型完美、回归自然的观念赋予了鸡尾酒调制新的活力，清淡怡神，充盈着新鲜果味的鸡尾酒广受欢迎，越来越多的人在饮用鸡尾酒的同时开始在内心捕捉悠然而升的情感，创造一种经历或意境。

（5）20世纪末，鸡尾酒主流的回归。

现代鸡尾酒经过100多年的发展、流行和变迁，呈现出多元化、国际化、个性化之特性，20世纪末充满着怀旧的气氛，作为一种表达内心情感的语言，鸡尾酒的主流在20世纪末又开始轮回和回归，诸如马天尼、红粉佳人、金汤力等经典鸡尾酒永远是全世界饮者的至爱，这也证实了鸡尾酒流行和变迁之后显示出稳定发展的特性。

二、鸡尾酒的基本结构

鸡尾酒的种类款式繁多，调制方法各异，但任何一款鸡尾酒的基本结构都有共同之处，即由基酒、辅料和装饰物等三部分组成。

（一）基酒

基酒也称酒基，又称为鸡尾酒的酒底，是构成鸡尾酒的主体，决定了鸡尾酒的酒品风格和特色，常用作鸡尾酒的基酒主要包括各类烈性酒，如金酒、白兰地、伏特加、威士忌、朗姆酒、特吉拉酒、中国白酒等，葡萄酒、葡萄汽酒、配制酒等亦可作为鸡尾酒的基酒，无酒精的鸡尾酒则以软饮料调制而成。

基酒在配方中的分量比例有各种表示方法，国际调酒师协会统一以份（Part）为单位，一份为 40 毫升。在鸡尾酒的出版物及实际操作中通常以毫升、量杯（盎司）为单位。

（二）辅料

辅料是鸡尾酒调缓料和调味、调香、调色料的总称，它们能与基酒充分混合，降低基酒的酒精含量，缓冲基酒强烈的刺激感，其中调香、调色材料使鸡尾酒含有了色、香、味等俱佳的艺术化特征，从而使鸡尾酒的世界色彩斑斓，风情万种。

可作鸡尾酒辅料的主要有以下几大类：

（1）碳酸类饮料：雪碧、可乐、七喜、苏打水、汤力水、干姜水、苹果西打等。

（2）果蔬汁：包括各种罐装、瓶装和现榨的各类果蔬汁，如橙汁、柠檬汁、青柠汁、苹果汁、西柚汁、杧果汁、西瓜汁、椰汁、菠萝汁、番茄汁、西芹汁、胡萝卜汁、综合果蔬汁等。

（3）水：包括凉开水、矿泉水、蒸馏水、纯净水等。

（4）提香增味材料：以各类利口酒为主，如蓝色的柑香酒、绿色的薄荷酒、黄色的香草利口酒、白色的奶油酒、咖啡色的甘露酒等。

（5）其他调配料：糖浆，砂糖，鸡蛋，盐，胡椒粉，美国的辣椒汁，英国的辣酱油，安哥斯特拉的苦精，丁香、肉桂、豆蔻等香草料，巧克力粉，鲜奶油，牛奶，淡奶，椰浆等。

（6）冰：根据鸡尾酒的成品标准，调制时常见冰的形态有方冰（Cubes）、棱方冰（Counter Cubes）、圆冰（Round Cubes）、薄片冰（Flake Ice）、碎冰（Crushed）、细冰（幼冰）（Cracked）。

（三）装饰物

鸡尾酒的装饰物、杯饰等是鸡尾酒的重要组成部分。装饰物的巧妙运用，可起到画龙点睛般的效果，使一杯平淡单调的鸡尾酒旋即鲜活生动起来，充满着生活的情趣和艺术，一杯经过精心装饰的鸡尾酒不仅能捕捉自然生机于杯盏之间，而且也可成为鸡尾酒典型的标志与象征。对于经典的鸡尾酒，其装饰物的构成和制作方法是约定俗成的，应保持原貌，不得随意篡改，而对创新的鸡尾酒，装饰物的修饰和雕琢则不受限制，调酒师可充分发挥想象力和创造力。对于不需作装饰的鸡尾酒品，加以赘饰，则是画蛇添足，破坏了酒品的意境。

鸡尾酒常用的装饰果品材料有：

1. 樱桃（红、绿、黄等色）

2. 咸橄榄（青、黑色等），酿水橄榄

3. 珍珠洋葱（细小如指尖、圆形透明）

4. 水果类

水果类是鸡尾酒装饰最常用的原料，如柠檬、青柠、菠萝、苹果、香蕉、香桃、杨桃等，根据鸡尾酒装饰的要求可将水果切配成片状、皮状、角状、块状等进行装饰，有些水果掏空果肉后，是天然的盛载鸡尾酒的器皿，常见于一些热带鸡尾酒，如椰壳、菠萝壳等。

5. 蔬果类

蔬果类装饰材料常见的有西芹条、酸黄瓜、新鲜黄瓜条、红萝卜条等。

6. 花草绿叶

花草绿叶的装饰使鸡尾酒充满自然和生机，令人倍感活力，花草绿叶的选择以小型花序、小圆叶为主，常见的有新鲜薄荷叶、洋兰等，花草绿叶的选择应清洁卫生，无毒无害，不能有强烈的香味和刺激味。

7. 人工装饰物

人工装饰物包括各类吸管（彩色、加旋形等）、搅棒、象形鸡尾酒签、小花伞、小旗帜等，载杯的形状和杯垫的图案花纹，对鸡尾酒也起到了装饰和衬托作用。

三、鸡尾酒常见调制方法

现代鸡尾酒发展的一个基本特征就是调制方法的确定，鸡尾酒种类繁多，风格各异，款式变化万千，但就其调制的基本方法却有一定的规律可循，概括起来有四种调制的基本方法，即摇和法、调和法、搅和法和兑和法。

（一）摇和法（Shake）

摇和法又称为摇荡法、摇晃法。所谓摇和法就是将冰块和调酒材料按照配方的要求，依照一定的顺序放入摇酒壶中，采用摇荡的方式，使调酒材料充分混合的调酒方法。

通常鸡尾酒采用摇荡法调制，目的是将较难混合在一起的柠檬汁、果汁、糖、牛奶、鸡蛋等材料充分融合在一起，或者在摇荡的过程中，使混合酒品迅速达到冰镇冷却的效果，并能够适当地稀释和降低酒精含量。

摇动的方式并无统一的要求，但须保持身体稳定，姿态自然优美，动作协调。小号的摇酒壶可采用单手摇，主要用右手，方法是：右手食指卡住壶盖，其余四指均匀地握住壶身，依靠手腕的力量用力摇荡，同时前臂在胸前斜向上下方摇动，使酒液充分混合。大号的摇酒酒壶可采用双手摇，方法是：左手的中指托住壶底，食指、无名指及小指夹住壶身，拇指压住滤冰器；右手的拇指压住壶盖，其余四指均匀地扶住壶身，双手配合将调酒壶举至胸前，在胸前成 45 度角用力呈活塞运动状摇动，摇动的路线可按斜上→胸前→斜下→胸前进行。

摇酒时的注意事项：

（1）调酒原料在摇酒壶中的投入顺序依次为：适量的冰块→辅料→基酒，冰块应新鲜，不宜使用碎冰。在英式调酒中，也提倡最后放冰块，其主要原因是减缓冰块的融化速度，保持酒品应有的口味。

（2）每次调制鸡尾酒的量不宜太多，壶内应留有一定的空间。

（3）无论采用单手摇还是双手摇，手掌不能紧贴壶身，以免影响酒品的温度。

（4）含有气泡的调配料如雪碧、可乐、苏打水、汤力水不可加入摇酒壶中摇荡，以免外溢，造成意外或浪费。

（5）普通鸡尾酒摇荡的时间为 5 秒左右，以手感冰凉为限，加蛋、奶等调配料的鸡尾酒摇荡时间须长些，使酒液充分融合。

（6）以像要把空气溶进鸡尾酒中的心情去摇动，面带微笑，注意摇动手动作的节奏美、韵律美。

（二）调和法（Stir）

调和法是用调酒杯（Mixing Glass）或壁厚的玻璃杯（Large Glass）、吧匙或调酒棒、滤冰器调制鸡尾酒混合饮料的方法。采用调和法，通常用以"马天尼""曼哈顿"等简单鸡尾酒的调制，大部分采用澄清易于混合均匀的主辅料。调制时，首先在调酒杯中放入适量的冰块，然后按照配方的要求注入辅料、基酒，用左手的食指和拇指握住调酒杯的底部，右手手指夹捻柄吧匙，将匙背贴着调酒杯的内壁按顺时针方向搅动数次，等左手感到冰凉或调酒杯外壁析出水珠时即可将混合酒液滤入鸡尾酒杯中。为了确保酒质，不可剧烈搅动，或搅动时间过长。

（三）兑和法（Build）

兑和法即在载杯中直接调制鸡尾酒等混合饮料，又称为直调法。根据配方的要求，按标准分量将原料酒品直接倒入载杯中，不需搅动（或作轻微搅动）即可。但特殊的鸡尾酒，如"五色彩虹"需将吧匙贴紧杯的内壁，沿吧匙将酒品徐徐倒入杯中，自然分层，以免冲撞混合。

（四）搅和法（Blend）

搅和法是采用果汁机、电动搅拌机调制果子露、雪泥类鸡尾酒等混合饮料的方法。调制时按配方的要求在果汁机或电动搅拌机的混合容器中加入果汁、牛奶、冰激凌、切配的果粒、酒品以及碎冰等物料，碎冰通常是最后加入，启动开关运转 10～20 秒后（可根据成品要求选择搅和挡及运转时间），关闭电源开关，待电机运转停止后，取下混合容器，将混合饮品带雪泥一起倒入高杯或特饮杯中，并用吧匙轻微搅动，以免雪泥凝结成块状。根据成品的要求，有的还需要将果渣、冰碴、泡沫等过滤后才装杯。

四、鸡尾酒调制的步骤与程序

（1）先按配方的要求将所需的基酒、辅料等找出，整齐地放于操作台调酒制作的专用位置。

（2）准备好调酒器具、载杯及装饰物等。

（3）采用正确规范的调酒方法（摇和法、调和法、兑和法、搅和法）调制鸡尾酒。

（4）按照配方要求，给鸡尾酒进行装饰。传统鸡尾酒的装饰物基本都是固定在配方中的，不需要调酒时再做任何变化，调酒人员必须严格按照要求选择装饰物并进行制作、装饰。

（5）清理工作台（吧台），清洗调酒器具，将酒品和调酒器具放回原处。

五、调酒的基本技巧

任何一款鸡尾酒都必须严格按照配方的要求进行调制，并正确使用量酒器量酒；调酒过程中任何环节的操作都要展示良好健康的精神风貌，动作娴熟潇洒、连贯自然、姿态优美；操作中应注意操作的清洁卫生，其中包括用具卫生、操作过程的卫生以及保持操作台面的清洁卫生等；鸡尾酒调制应具有表演性和观赏性，这对渲染气氛，给宾客以美好的视觉享受起着积极的作用；传瓶→示瓶→开瓶→量酒的操作规范、动作流畅。

1. 传瓶

把酒瓶从酒柜或操作台上传至手中的过程。传瓶一般从左手传至右手或直接用右手将酒瓶传递至手掌部位。用左手拿瓶颈部分传至右手上，用右手拿住瓶的中间部位，或直接用右手提及瓶颈部分，迅速向上抛出，并准确地用手掌接住瓶体的中间部分，要求动作迅速稳准、连贯。

2. 示瓶

将酒瓶的商标展示给宾客。用左手托住瓶底，右手轻握瓶颈，成45度角把商标面向宾客。也可以右手提起酒瓶，左手托住瓶底，从左往右做一扇形展示。

3. 开瓶

用右手握住瓶身，并向侧方旋动，用左手的拇指和食指从正侧面按逆时针方向迅速将瓶盖打开，软木帽形瓶塞直接拔出，并用左手虎口即拇指和食指夹着瓶盖（塞）。开瓶是在酒吧没有专用酒嘴时使用此法。

4. 量酒

开瓶后立即用左手的中指、食指、无名指夹起量杯，两臂略微抬起呈环抱状，把量杯置于敞口的调酒壶等容器的正前上方约4厘米，量杯端拿平稳，略呈一定的斜角，然后右手将酒斟入量杯至标准的分量后收瓶口，随即将量杯中的酒旋入摇酒壶等容器中，左手拇指按顺时针方向旋上瓶盖或塞上瓶塞，然后放下量杯和酒瓶。

六、吧匙使用的规范和技巧

用调和法调制鸡尾酒时，左手的大拇指和食指握住调酒杯的下部，右手的无名指和中指夹住吧匙柄的螺旋部分，用拇指和食指捻住吧匙柄的上端，调和时，拇指和食指不用力，而是用中指的指腹和无名指的指背促使吧匙在调酒杯中按顺时针方向转动。巧妙地利用冰块运动的惯性，发挥手腕的弹动力，用中指和无名指使吧匙连续转动。吧匙放入或拿出杯中时，匙背都应向上。

七、调酒比赛中常见的错误

（一）操作不熟练

本次比赛选择的抽签酒的操作难度为一般。抽签酒，均为世界鸡尾酒中最为经典和常见的酒品，一般酒吧都会提供，在调酒教材中也是作为训练内容的酒品。酒品的训练难度并不大，但是，由于选手训练不充分，在比赛中表现出的自信心不足，操作熟练程度不够。特别是对不同型号调酒壶的使用，少数选手手法生疏，甚至出现不必要的失误。

（二）对酒品分量的把握不够

按照鸡尾酒调制的基本要求，选手在训练和操作之前，应该根据各款酒的总容量，计算出每种材料的实际使用量，并根据计算结果进行配伍并调制，但是，部分选手对酒品的分量把握上明显显得不熟练或不够准确。一方面是对酒谱标注形式没有正确认识，另外一方面也是在酒水计量过程中出现偏差，导致成品酒的颜色、口味等关键因素出现失误。

（三）对传统鸡尾酒配方标注方式不熟悉

鸡尾酒配方的标注方式有多种方式，常见的是将每种酒的用量用"毫升""盎司"等计量单位直接标注，但是，标注各类酒品的比例也是国际通行的一种标注方式，其原因主要是同一款鸡尾酒在不同国家、不同地区，甚至在不同酒店可能其总容量都会不一样，而采用比例标注是方便各酒店自行确定每款酒的容量。通常每款鸡尾酒调制后的容量控制在 60~90 毫升，这主要是指基酒加辅料的容量，如果需要最后添加碳酸类饮料，也是在这个基础上再添加。另外还有一种方法就是根据载杯容量确定每种酒的分量。

以白兰地亚历山大（Brandy Alexander）为例，调制材料为：白兰地 1/3，深色可可酒 1/3，淡奶 1/3。如果使用的载杯容量为 90 毫升，成品酒应该为 60 毫升，那么三种原材料各为 20 毫升；如果载杯为 120 毫升，成品酒为 90 毫升，那么三种原材料各为 30 毫升。也就是说，将成品酒总容量乘以各自的比例，就可以计算出每种原材料的使用量，以此类推。

（四）操作过程中滴洒酒水

造成滴酒的原因是多方面的，比赛紧张的氛围是一方面，操作不熟练也是主要原因，但更多的是因为操作习惯不好，物品摆放不合理等，这是训练不到位的表现。

（五）操作台面杂乱

鸡尾酒调制不光是要注意操作动作优美，具有表演性和展示性，还要注意操作的卫生习惯和工作习惯。在酒吧里，每一样操作工具和用具都有固定的摆放位置，摆放一切以方便操作为准，非常忌讳物品杂乱无章，随手摆放，这样就会显得台面乱，操作无序。

（六）过分注重操作的表演性，忽视操作的规范性

表演性是调酒操作提倡的，但是，这个表演性是体现在操作方式方法正确基础上的表演性，而部分选手正好相反，在示酒、拿杯具、用具过程中动作过于夸张，表演

性十足，而摇酒过程却老老实实，没有微笑，没有表演了。甚至有个别选手在使用量酒器时，每用一次都带有一个转动手腕的亮相动作，每次亮相都会造成滴酒，以至于得不偿失，被无端扣分很多。

项目三 裁判篇

任务一　裁判素质

作为技能大赛的裁判员，其言行举止不仅代表个人的精神风貌，更影响到参赛单位和赛手对整个技能大赛的评价。裁判员素质是裁判员在赛场中所应遵守的规则，它是裁判员的思想道德水平、文化修养、交际能力、专业水平的外在表现。

一、衣着

技能大赛裁判员的衣着应体现个人形象与魅力，体现出专业水平与个人修养。裁判员衣着主要选择正装，要求制作精良、外观整洁、讲究文明等。

二、语言

技能大赛裁判员应统一使用普通话，用语尽量通俗、易懂。女性裁判员选用中高音区声调，男性裁判员选用中音区声调。视赛手的音量进行调整，并保持与赛手相适合的音量，但不宜采用过大音量。语气轻柔、和蔼、清晰、自然。语言应做到礼貌性、解释性、安慰性与保护性。

三、行为

技能大赛裁判员在整个竞赛过程中，应保持姿态端正，自然大方，保持标准的站姿、坐姿及走姿。

四、纪律

裁判员在整个技能大赛期间严格遵守纪律，并接受裁判组赛项执委会的协调和指导。按规定参加赛前培训，学习竞赛规程，熟悉比赛规则，做好赛场记录，维护赛场纪律，统一执裁标准，提高执裁水平。

任务二 竞赛评判解析

一、评判的原则

裁判员评判是技能大赛的重要组成部分，对技能大赛的赛手具有较强的导向作用。应围绕全国职业院校技能大赛执委会规定的评分标准表进行评判，保证评判的公平性、公正性、公开性。应通过合理的评判，不断提高指导老师的教学水平，激发赛手学习、应用服务技能的兴趣，帮助学生逐步提高酒店职业素养。

（一）强调评判对教学的激励、诊断和促进作用，弱化评判的选拔与甄别功能

在技能大赛评判过程中，应通过灵活多样的评判方式激励和引导赛手学习，促进赛手酒店职业素养的全面发展。裁判员应注意观察赛手实际的技术操作过程及活动过程，分析学生的西餐摆台作品，全面考查赛手西餐摆台操作的熟练程度和创新程度。裁判在向赛手呈现评判结果时应多采用鼓励性的语言，一方面有利于激发赛手的内在学习动机，另一方面也可以帮助赛手明确自己的不足和努力方向，促进赛手进一步的发展。呈现评判结果时要尽量避免给赛手贴标签或排名次，弱化评判对赛手的选拔与甄别功能，减轻评判对赛手造成的压力。指导教师在了解赛手的学习和发展状况的同时，也要利用评判结果反思和改善自己的教学过程，发挥评判与教学的相互促进作用。

（二）发挥裁判员在评判中的主导作用，创造条件实现评判主体的多元化

裁判员应注意发挥在评判中的主导作用，同时充分利用赛手的评价能力，适时引导赛手通过自我反思和自我评价了解自己的优势和不足，以评判促进学习；组织赛手开展互评，在互评中相互学习、相互促进，共同提高。

（三）评判要关注赛手的个别差异，鼓励赛手的创新实践

赛手学习和应用技能水平、学习风格和发展需求等方面的差异很大，技能大赛的评判要正视这种个别差异。同时，现在的赛手个性特征分化更为明显，进行西餐摆台创新的欲望也更为强烈，评价时要充分尊重赛手的个性和创新性。

技能大赛的评判标准和评判方式的确定和选用，要在保证达到最低要求的基础上，

允许赛手通过不同的方式展示自己。一方面，不同起点的赛手在已有基础上取得的进步都应该得到认可，使每一个赛手都能获得成功的体验；另一方面，要尊重赛手在学习和应用服务技能过程中表现出的个性和创新性，对同一主题作品的不同设计思路和不同设计风格、对同一问题的不同技术解决方案等，都应给予恰当的认可与鼓励。

二、评判标准解析

（一）仪容仪表解析

内容：

整体要求头发干净、整齐，着色自然，发型美观大方；

面部：男生不留胡须及长鬓角，女生化淡妆；

手部：干净，不留长指甲，不涂有色指甲油；

服装、鞋袜整洁干净，符合岗位要求；

举止大方、注重礼貌、微笑。

裁判解析： 主要考查选手在以上五项内容完成的完整性，重点观测选手的指甲油、鞋袜以及微笑，并对其进行评判，如果有不正确的项目，会扣除1到2分。另外，服装也是评判的主要内容，主要是看选手服装是否符合行业岗位要求，能不能体现西餐的庄重典雅等。比赛中，有些选手的服装过于卡通化，或者装束过于简单，只适合在咖啡厅这样的简易西餐厅使用，而与正式西餐的庄重典雅不相匹配，这也是被扣分的地方。

关于举止大方、注重礼貌、微笑的内容评判在仪容仪表专项评判时也是裁判关注的重点，操作过程中选手的举止、礼貌、微笑均在评判之列。部分选手在操作过程中忽视了礼貌礼节、微笑等，一味强调操作的表演性，忽视服务的亲和力，忽视操作举止等，都会被扣除相应分数。

（二）铺台布解析

内容：

两块台布面重叠5厘米；

主人位方向台布交叠在副主人位方向台布上；

台布四边下垂均等；

铺设操作最多四次整理成形。

裁判解析： 西餐用餐强调优雅，亦要求服务人员采用优雅的服务方式。铺台布是台面布置的第一步，西餐铺台布和中餐不一样，不能采用抛、撒等动作幅度过大的姿势,而应该采用推、拉、退等方式,这样,操作动作不但优雅,而且操作时对用餐客人的影响不大,因为西餐厅服务中经常需要在客人用餐时收拾台面,布置台面。图3-1所示的台布铺设方法是西餐服务中不宜选用的,因为台布铺设前应该折叠整齐,铺设时不应将台布团在一起,这样容易造成台面皱皱巴巴,更不应将台布高高抛起来。

此项定性方面重点观测选手铺台布的动作是否符合西式铺台布的要求,如果不符合,会酌情扣分;定量方面主要观测两块台布重叠5厘米,四边下垂是否均等和四次整理成型,如果有违反,均按相应的分值扣除。

对于铺台布四次成型的规定,存在很多疑虑。所谓四次,是指铺两块台布为两次,左右侧5厘米重叠部分整理各一次,其他的整理均列入扣分项;铺台布时,以台布脱手为限,即台布一旦脱手,就为一次,再次触碰台布时,不管是调整、整理还是抚平,均属于扣分范畴,当然,如果没有两侧整理,手触碰台布四次以内,仍然不会扣分。

图3-1　铺台布错误图例

(三)餐椅定位解析

内容:

从主人位开始按顺时针方向进行;

座椅之间距离基本相等；

相对座椅的椅背中心对准；

座椅边沿与下垂台布相距1厘米。

裁判解析： 拉椅定位或为客人提供拉椅服务时，操作方法非常重要，这不但反映了操作者的专业水平，而且，在实际工作中也会影响到客人对服务的评价。正确的拉椅方法应该是双手轻扶椅背两侧，将座椅拉出，双手不宜握住椅子顶部，也不易抓住椅子上部两侧，这样拉椅的力度不够，也不稳，容易造成将椅子拉歪等现象，如图3-2所示。

此项操作从定性方面重点观测选手是否从座椅的正后方进行操作。从定量方面重点观测座椅之间的距离基本相等。比赛评判时，主要测量餐桌长边两侧的两张椅子的距离是否均等。相对座椅的椅背中心对准，评判时会检测长边两侧的两个席位、正副主人位的椅背中心是否与展示盘中心在一条线上。座椅边沿与下垂台布之间相距1厘米。如若违反，均按相应的分值扣除。

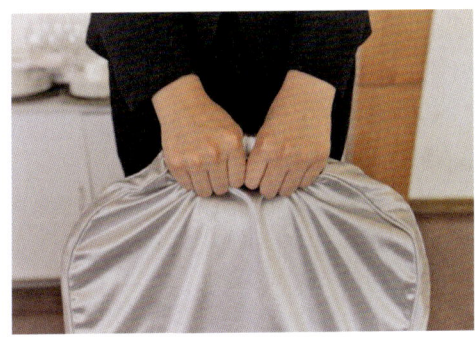 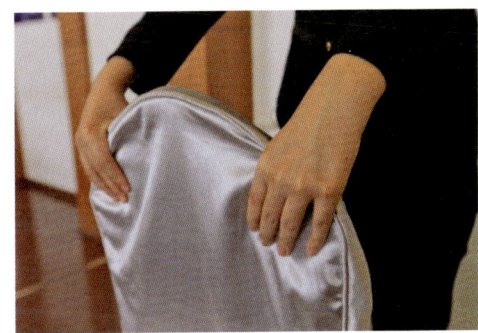

图3-2 拉椅错误图例

（四）餐具摆放解析

内容：

盘边距离桌边1厘米；

装饰盘中心与餐椅中心对准；

盘与盘之间距离均等；

手持盘沿右侧操作；

刀勺叉由内向外摆放，距桌边距离符合标准；

刀勺叉之间及与其他餐具间距离符合标准；

面包盘、黄油刀、黄油碟的摆放顺序；

面包盘盘边距开胃品叉1厘米；

面包盘中心与装饰盘中心对齐；

黄油刀置于面包盘右侧边沿1/3处；

黄油碟摆放在黄油刀尖正上方，相距3厘米；

三杯摆放顺序：白葡萄酒杯、红葡萄酒杯、水杯（白葡萄酒杯摆在开胃品刀的正上方，杯底中心在开胃品刀的中心线上，杯底距开胃品刀尖2厘米）；

三杯成斜直线，向右与水平线成45度角；

各杯身之间相距约1厘米；

操作时持杯方法正确。

裁判解析：拿摆餐具的方法是西餐宴会服务摆台中非常重要的考核点，餐具拿法正确与否，既是专业服务的需要，也是操作规范的基本要求。因为正确的餐具拿法既关系到操作卫生，也关系到操作效率等，一般来说，刀叉类餐具应该拿餐具的颈部，且用拇指和食指捏拿餐具的两侧，以免在餐具上留下指纹印。杯具更应该拿杯脚或底部，任何时候手都不能碰到杯具的口部，这是服务的禁忌。如图3-3所示各种餐具、杯具的拿法均是错误的。

图3-3　拿摆餐具错误图例

此外，在摆台操作过程中，对于展示盘（装饰盘）的拿法也很讲究。在摆放展示盘时，可以徒手操作，但是，必须在展示盘下垫一块口布，而不能直接将展示盘放在手上，更不能将展示盘靠在身体上操作。另外，西餐展示盘及其他盘类餐具的拿法也很讲究，通常采用侧握方式拿餐具，大拇指不能伸进盘内，以免手指纹印到餐具上，这既是规范要求，也是卫生要求，任何拇指伸进展示盘或其他餐盘的做法都是错误的（见图3-4）。

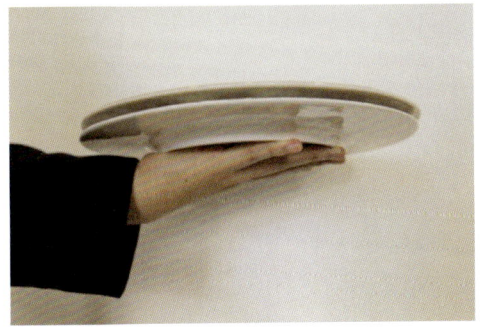 

图3-4　餐具摆放错误图例

装饰盘摆放从定性方面重点监测从主人位开始,顺时针方向摆放,手持盘沿,在餐椅(客人)右侧操作;定量方面重点监测盘边与桌边距离以及盘与盘之间的距离,不符合要求均按相应分值扣除。

刀叉勺摆放重点监测相应的距离以及与桌边的距离是否符合标准,相对的摆放距离是否均等,不符合要求,均按相应分值扣除。

面包盘、黄油刀、黄油碟定性方面重点监测其摆放的程序,定量方面监测黄油刀置于面包盘右侧边沿1/3处,黄油碟摆放在黄油刀尖正上方,相距3厘米,不符合要求,均按相应分值扣除。

餐台餐具摆放标准在比赛评分细则中均有明确规定和要求,评判时一方面会对每个餐位的餐具进行测量,另外,裁判也会在餐桌两头观测每边餐具摆放是否在一条直线上,以此来判断餐具距离桌边的距离是否均等,因此,选手在摆完餐具后,应该会自行检查一遍,在规定时间内可以做微调,以保证餐具摆放的准确性。

杯具的摆放从定性方面主要考查其摆放顺序以及操作时持杯的方法是否正确,葡萄酒杯是否摆在开胃品刀的正上方,杯底中心是否在开胃品刀的中心线上;从定量方面监测,杯底距开胃品刀尖2厘米,三杯成斜直线,向右与水平线成45度角,各杯身之间相距约1厘米。关于杯身之间的距离问题,通常评判时会根据杯子的形状调整。一般大肚杯是以杯肚之间的距离作为评判点;广口郁金香形杯则以两杯最接近的点作为评判点。

以上四项内容裁判通过目测和尺量考查参赛选手对于服务标准的执行,在比赛中该部分所占分值比较大,是选手备赛练习的重点,同时体现了高职院校教师在酒店服务当中的教学水平。当然,这些项目也对裁判的素质、专业水平、执裁标准提出了较高的要求。总之,比赛选手、裁判双方都严格按照比赛规程和评分细则中的要求进行操作和评判,就可以很好地解决比赛中认知的统一问题。

(五)台面中心物品摆放解析

内容:

花坛或其他装饰物中心置于餐桌中央和台布中线上;

花坛或其他装饰物主体高度不超过30厘米;

烛台与花坛或其他装饰物之间间距均等;

烛台底座中心压台布中凸线;

两个烛台方向一致;

牙签盅与烛台底边相距10厘米;

牙签盅中心压在台布中凸线上;

椒盐瓶与牙签盅相距 2 厘米；

椒盐瓶两瓶间距 1 厘米，左椒右盐；

椒盐瓶间距中心对准台布中凸线。

裁判解析： 关于台面中心装饰物的评判涉及两个方面，一是装饰物本身所体现的主题内涵，这是定性的评价。而在这个项目中，主要还是从操作规范的角度进行评判的。从定性方面主要考查选手对于西餐实用物品的理解，其中花坛、其他装饰物和烛台与台面主题相符，突出台面实用物品与主题内容之间的黏度。

从定量方面主要检测花坛与装饰物的高度，花坛或其他装饰物主体高度不超过30厘米，其主要目的是客人入座后不能阻挡彼此的视线，影响客人间的交流。但是，一些插花类的装饰，允许有单独的花枝或简单的装饰材料为了造型和美观，可以超过这个高度，这一点在评判时是不扣分的。

花坛或其他装饰物中心位于餐桌中央和台布中线上，这是标准中明确规定的内容，如何判断？有两种方法，一种是装饰物底部能看见的，则检查装饰物底部是否压在台布中心线上；一种是装饰物底部看不见的，则可以通过测量装饰物离桌边的距离来判断是否在餐桌的中心，如两边距离不均等，则表明装饰物摆放有偏差，会按相应分值扣除。此外，装饰物是否压中线还有一个评判点，就是看装饰物中心与两块台布交叉中点线是否重叠，如果较好地重叠，说明装饰物摆放居中，反之，则有偏移现象，也会被扣分。

烛台摆放位置很重要。首先，两个烛台底座必须对正台布中线，不出现偏差；其次，两个烛台与中心装饰物之间的距离要基本均等，不能出现两边距离不均等的现象。单头烛台不存在方向一致问题，如果是三头以上的烛台，则要考虑摆放方向的问题，否则也会被扣分的。

椒盐瓶和牙签盅的评判首先是测量牙签盅是否摆放在台布中心线上，离烛台最近的距离是否为 10 厘米。椒盐瓶与牙签盅的间距为 2 厘米，椒盐瓶之间为 1 厘米，且与中线之间距离均等。这些定量的标准都可以通过测量或目测方式进行评判。被扣分较多的项目是椒盐瓶之间的距离，虽然 1 厘米有了，但是，台布没有中缝没有居中，也会被扣分。

（六）餐巾盘花解析

内容：

在平盘上操作，折叠方法正确、卫生；

在餐盘中摆放一致，正面朝向客人；

造型美观、大小一致，突出主人位。

裁判解析： 餐巾折花应遵循美观、简洁、挺括、卫生等原则。折好的餐巾花放入展示盘时，也应做到规范、整洁，不能出现餐巾背面朝向客人、餐巾花软塌、方向摆错，甚至餐巾折花超出展示盘等错误现象（见图3-5）。

此项主要从定性方面重点检测。裁判会在选手折口布花时进行近距离观察，了解选手折口布花的方法是否正确，操作是否卫生，然后再对摆放在展示盘中的餐巾进行检查，查看有没有餐巾背面朝向客人、头角折叠松散、软塌、餐巾超出展示盘、方向放反等违例现象，还要检查餐桌长边两个餐巾花是否在一条线上等，在花型上，重点检查是否突出主人位的花型。凡是有上述违例现象的均会被扣除相应的分数。

图3-5　餐巾折花错误图例

(七)斟倒酒水解析

内容:

为三位客人斟倒酒水(其中餐台长边2人,短边1人);

口布包瓶,酒标朝向客人,在客人右侧服务;

倒水及斟酒的顺序为:水、白葡萄酒、红葡萄酒;

斟倒酒水的量:水倒杯子的6~8成;白葡萄酒倒杯子的3~5成;红葡萄酒倒杯子的3~5成,要求整体均等。

裁判解析: 斟酒操作包括示酒、开瓶、斟酒等环节,每个环节均为对客服务内容,服务操作中也有基本规范,但是,比赛中有不少操作动作不符合基本规范要求,例如,有些选手示酒时直接站在服务台边就完成了,而且是在服务台边双手高高举起酒瓶,不知道给谁看;还有的选手给主人示酒时选择的位置太靠近椅背,忽视了椅子上的"客人"的存在;还有些选手斟酒时在左手手臂上搭一块口布,边斟酒,边擦瓶口,口布上的酒渍始终展现在客人面前;还有斟酒时酒标不朝向客人等(见图3-6)。

图3-6 斟酒错误图例

此项主要检测参赛选手对西餐宴会服务的基本功。酒水服务在西餐就餐过程中根据食物的品种和进餐的顺序进行搭配,反映西餐宴会服务中侍酒技能的专业化和标准化的程度，同时对于选手的基本技能、心理素质等综合能力的测量。

从定性方面检测其倒酒及斟酒的顺序和侍酒过程中口布包瓶、酒标朝向客人，在右侧服务。从定量方面裁判通过目测和尺量对白葡萄酒、红葡萄酒和水的分量进行比对。2016年的比赛对冰水、红白葡萄酒的斟酒量没有明确的分量要求，这给选手留出了较大的发挥空间，可以根据自己的理解进行斟酒，但是，有一个基本要求，那就是三杯酒的酒量必须均衡，因此，选手在训练时必须掌握好斟酒量，以保证三杯酒的分量基本均等。此外，斟酒动作是否规范，会不会造成滴酒等是该项目比赛中的重点，如果斟酒过程中动作不规范，时间紧张等造成滴酒现象，都会被扣分。

（八）操作动作

内容：

托盘方法正确，操作规范；

操作过程中动作规范、娴熟、敏捷、声轻，姿态优美，具有亲和力，能体现岗位气质。

裁判解析： 托盘操作动作的规范前面已经有了全面介绍，但是，在操作过程中，依然出现很多错误，例如托盘时手掌贴在托盘底部；装托盘时没有遵循内高外低，内重外轻的原则；甚至出现用手抱盘而不是托盘的现象；托盘行走时始终将右手背在身后，而不是自然摆动等（见图3-7）。

图3-7　托盘错误图例

托盘和操作过程中要求选手的动作规范、娴熟、姿态优美，具有亲和力，体现岗位气质等是本项目重点监测的赛项内容。

选手操作过程中托盘的姿势、拿餐具的方法、操作动作的规范以及操作中声音的大小都是比赛评判的扣分点，特别要提醒的是，西餐服务需要服务人员具有一定的亲和力，能体现岗位气质，因此，服务中能否始终面带微笑，操作动作能否和表情结合，操作时能否考虑到"客人"的感受等均是评分的内容，一些选手在这些规范中失分较多，究其原因是多年的比赛中，已经形成了一种错误的导向，就是选手的操作姿态、表情过分注重于表演性，而忽略了服务的真实需求，这也是部分选手被扣分以后不知道错在哪里的原因之一。

比赛的目的不是为了作秀，而是要贴近行业，贴近需求，因此，无论是训练选手还是在今后职业教育教学过程中，都应该以行业标准为方向，不能为了比赛而比赛。

（九）主题设计

内容：
台面整体设计新颖、颜色协调、主题鲜明；
中心装饰物设计精巧、实用性强、易推广。

裁判解析： 西餐宴会服务赛项中主题设计基本属于定性化的评判内容，基本依据裁判不同的审美认知和专业素养进行评分，但是，其中也有一些标准或规律可以遵循。

首先，"台面整体设计新颖、颜色协调、主题鲜明"，这里涉及整个台面台布、口布、餐具色彩的搭配与主题的关系，中心装饰物的设计能不能较好地表现主题，主题装饰物是否突出，甚至包括口布花以及其他台面饰物和主题的关系等内容。

其次，"中心装饰物设计精巧、实用性强、易推广"，该项目包括三个方面的评判标准，一是中心装饰物的设计。中心装饰物的设计是由多个物件组合而成，这些物件的选择、使用、摆放是否得当，能否体现主题，能否表达主题思想等，而这些物件组合和摆放的方式、位置等都涉及设计精巧的问题。二是实用性强。实用性表现在中心装饰物设计不过于复杂，能够在现实工作中充分运用，通俗点讲，就是员工可以一学就会，相关物件容易购买到。另外，装饰物件价格不能过于昂贵，经营成本不会太高等。三是易推广。也就是设计方案可以被企业广泛采用等。

主题设计部分的评判主观性较强，为了统一评分尺度，避免裁判之间的评判差异，比赛时，裁判采用了分档评分的方式，即按照主题设计的总体情况分为 ABC 三档进行评分，具体解析参见"项目四 策划篇"。

（十）菜单设计解析

内容：

菜肴选择符合西餐宴会规范、品种完整；

菜单选材得当、制作精良；

酒水搭配合理，菜肴定价合理。

裁判解析： 菜单设计主要检测宴会的规范、品种完整性，分为ABC三档，具体请参见项目五任务四对菜单的评判。

摆台组裁判长游达荣教授点评：

图3-8 游达荣教授点评

从2013年赛事以来，这个赛事有了很大的进步。从各位这次的表现可以看到，老师们会在赛事中引导学生，不给学生制造紧张的氛围。我记得2013年的时候，老师在场外指指点点。这就是赛事的"以赛促教，以赛促学"的目的已经达到了。我还是有一个事情要说，对未来来说，中国人要跟国际接轨做西餐服务，要懂得呈现自己很重要。所以刚刚讲的很多东西里，第一个，所谓国际化，各位要记得，It's not only English speaking，不是只是说英语，英语很重要，可是你还需要知道他们的文化背景、生活习惯以及行为举止，代表的意义是什么，也就是他的思维方式。所以在参加比赛时，在参加英语或者菜单制作比赛时，要先提醒大家：制作菜单你不需要花很多钱去制作精美的东西，菜单得分的要点是内容有没有写到我的concept，你的menu design concept。所以下次比赛要聪明一点儿，钱要花在对的地方。

另外一点儿很重要的是，各位老师记得餐饮服务不是只有结果，过程也很重要。过程中间要教会学生一个conscious。他要理解西餐的1234，你要教会学生做process management，他要学会管控，要学会解释，有的学生做了摆了一张台，就觉得很好了，这是不对的。另外一个是餐饮服务的整个流程需要自然，比赛不要太机械化、太表面化、太表演化，所以以后大家在训练的时候一定要生活化，一定要自然，自然就是美，这个很重要。

这些东西用我们评判的 items 一个一个讲。仪容仪表，也就是微笑。这些学生没有抗压力的能力，他们怎么笑？抗压力怎么练？就是平常练习的时候，让他自然地去面对。为了比赛而比赛，当然会紧张。所以仪表仪容要记得除了穿着要得体之外，要教会学生自然，看到别人要自然、亲切。

衣服的选用，有些选手在不动的时候衣服是贴身的，但是一动的话，衣服的边或者内衬就会露出来。那个衣服不是静态地去看它，而是动态的过程。所以学生在训练的时候，衣服要合适，不能太长，不能看起来好像临时借来的一样。在仪表仪容时要自然，要生活化自然化，要让人觉得亲切。不能检查仪容仪表的时候在笑，走的时候就不笑，这样落差太大。人跟人接触，要有 eye contact，要有眼神接触和交汇。对在场的顾客要随时注意他的需求，而不是把东西送上去就好。

在评分时，要注意在工作台上要有始有终，要注意卫生。不知道为什么，你在台上不能脏兮兮的。中国人说有始有终，物归原位。东西不能乱摆一通，地上不能有遗留东西。有些选手，工作台的整理有很多忽略。后来服务的过程中把东西摆回去都乱摆一通，东西像丢抹布一样乱丢，比如桌布、口布、托盘等，整个工作台后来是不能看的，这就是表示这个因素没有很好地去练，他平常的行为就是不好的，他压抑不住，东西都是乱丢的。

我再讲一点——今天有些选手，我也不知道他有没有注意行为，他操作结束后完全将所有物品归置到位，包括流程将酒瓶塞塞回瓶口，他的工作台从准备开始到最后从来都是干干净净，摆得很整齐，从来没有像丢抹布一样。这就是各位老师培训选手有始有终，把它保持干净。为什么要保持工作台的整洁？因为工作台就是在餐厅中间出现在客人眼前的东西，这个很重要，需要注意一下。

还有一点，在工作台准备时，选手发现酒水不足要求添加，扎壶中的水不够斟要及时反映，不够灵活。你拿的杯具、刀具、刀叉，学生和老师应该都很清楚，不要紧张，杯子大小的不同，水不够倒三杯，一定要事先说"我水不够"，有的同学说"我的白酒不够"我也不知道干吗的。那就说明对使用的器材设备没有完全了解。不要死背，6~8 成并非一定要到 8 成这个量，3~5 成也不一定要到 5 成，只要量够你就一定会知道。我们的要求是很一致的，三杯是均匀的，不用倒那么多，这一点很重要。

摆台过程中，首先是刚刚讲的违纪违规的；其次，在这次比赛中，有几个选手采用抛撒式铺台布，铺设台布时还是最好不要这样做。还有一个选手跟别人两边铺的不一样，他是从旁边开始铺，这个做法很聪明，因为台布的折法是四折，他在旁边铺的话打开之后，中心就是对齐的，这点值得大家学习。然后就是桌旗，桌旗本身走线不齐，会影响台面整齐；由于桌旗的材质原因，也会影响台面的整齐和刀叉、杯子的摆放。在今年的比赛中可以看出，桌旗就是画蛇添足，一点用处都没有。

在餐具摆放时，老师一定要指导选手右边的餐具在右边上，左边的餐具在左边上，在椅子后方上过于危险。中心装饰物不宜过大，影响视线的同时影响杯子和安全卫生，还会影响选手斟酒时的操作。餐巾花的口布选择应选用恰当的面料，可以选择麻的，非棉麻质的餐巾花会出现软塌，影响美观，一定要挺拔。

菜单制作时，要注意美观性，裁剪时要注意毛边。菜单内容信息要完整，标明主题，要符合宴会菜单的格式。封面要求和菜单内容要复合客人的阅读习惯，内页、封面不能颠倒，给人信息名称、时间地点、售价、成本价、跟成本的百分比一定要写。酒水的产地，酒食要搭配得当，菜单内容中英文要对照。这次比赛中有的选手书写不规范，随意修改，如"菜单"——"menu"写成"mune"，这个问题老师也应该多注意，还有注意菜单的美观创意性等。比如有一个做卓别林的，裁判很高兴有创意和实用，菜单做成了帽子的式样，给你5张纸，你可以做自己要的，所以面对东西要创意、实用和生活化。

以上就是我对这次比赛的点评，谢谢！

（根据录音整理，未经本人核实）

（十一）调酒评判解析

内容：

严格按配方顺序投料，用料量准、均衡；

成品酒层次分明、清晰、不混淆；

操作程序规范，操作方法得当；

调制器具使用得当，保持干净、整齐；

操作姿态优美，手法干净利落；

酒水使用完毕，旋紧瓶盖，复归原位。

裁判解析： 鸡尾酒的调制分两部分，一是调制一款抽签鸡尾酒；另一个是调制特殊鸡尾酒——爱尔兰咖啡。

抽签酒是从五款事先提供的酒品中抽取一款现场调制。这五款鸡尾酒均属于传统、经典的鸡尾酒品，在众多酒店的酒吧中都有出售。抽签酒基本采用摇和法调制，摇和法也是传统鸡尾酒调制方法的一种。抽签酒考核的重点有两个：一是调制方法的掌握程度，二是对配方的正确理解与运用。

爱尔兰咖啡是一种特殊的鸡尾酒，调制过程对选手的技能水平、耐力、灵活性等有很大的考验。考核的重点包括：烤杯技巧、燃焰技巧、容量控制技巧、奶油处理技巧。

调酒组裁判组长单明磊赛后点评：

各位领导、各位评委、老师同学们、尊敬的总裁判长汪京强教授，大家下午好！

紧张的大赛帷幕已经拉下，现在回顾大赛的情况，我谨代表调酒组对调酒赛事进行相关的点评。

先说一下总体情况，整个大赛调酒赛事体现出了各位选手各代表队的真实水平，也得到了大家和各位领导的广泛认可。从分

图3-9 单明磊教授点评

数的把握和分布来看，前期评委做了认真的准备和讨论，并且进行了详细的划档。大家在比赛过程当中也看到，我们针对每一款酒，每一个细节，每一个评分点都精益求精，不让任何一个参赛选手吃亏，也不让任何一个亮点磨灭。从整个分数打分来看，我们分了三个大的档次：A、B、C。总体来说，我们总共参赛的是91人，除去一个未到的，实际参赛选手90人。其中A档，也就是80分以上的30人；B档，70~79分的56人；剩下70分以下是4人。从整体分数来看，绝大多数参赛选手能够达到比较高的分数。至于最后出现的成绩，大家可能觉得我的分数低于说的这个分数，是因为我们对于一些失误——滴酒、物品掉落等单独进行了扣分，这个不算在我们打分之列。另外还有四个70分以下的，这主要是有明显的失误或错误，相对比例比较少。这一年的亮点和闪光点很多，应该说各位选手都精心准备了，也看出各个代表队、各个院校对这个赛事非常重视，不论从材料、人选还是对整个大赛内容的掌握来看，都吃得比较透。

下面我重点说一下存在的问题，以便大家吸取教训，在今后的比赛当中取得更好的成绩。从统计来看，调酒洒酒是一个非常大的掉分点，47个比赛选手存在这个问题——洒、滴、落，有的少一些，有的多一些。大家也看到，在比赛的时候，每位选手都给了一块口布，做到每人一块，每个选手上场都是新的口布，所以说即使是很小的瑕疵或者是滴酒我们都看得非常清楚。再一个就是掉落，掉落分比较大，9人次。再

就是超时，6人次。倒物，有4个，其中包括在准备过程和归位过程。但是这个过程我们进行了相应的统一的一个做法处理，因为考虑到选手毕竟是在比赛过程中时紧张，有的在归位的过程当中可能出现对场地不熟悉的情况，我们主要的扣分点还是在现场选手面对评委在操作台上进行操作所出现的失误。

就典型的常见的失误给大家进行一下点评：出现比较多的是在咖啡的制作过程当中，出现的操作程序上的遗漏或者是混淆，比如未烤杯。制作之前要进行烤杯，在这款咖啡制作当中是明确规定的，有12人未烤杯。再比如材料的选取、配方没记住，或者是拿错了，橙汁拿成了柠檬汁，等等，有9个人出现了这个情况。还有量取不规范，该用1盎司的往往用2盎司，尤其是评委在现场评定时，不可能说根据你倒的是不是2盎司，但是我们可以看出来，如果规定是1盎司的用量，你用盎司杯取了2次，无论你用哪一头取，那都说明你用量不对，并且通过最后的感官评定进行一个确定。第四点就是物品未归位，28人，这个也是比较突出强调的问题。无杯垫，这个属于盛器使用不当，除了这个包括用错杯子，拿错载杯，操作手法不规范、不卫生，比如拿酒瓶我们规定商标都是朝外的，有的搭在手里；还有的拿杯子的细节要注意拿杯子底部，以及装饰制作不合理。再就是一个比较突出的、软性的问题——部分选手反应应变能力不强。比如刚刚汪老师说的，这次比赛在摇酒时出现两个重大失误，各个选手可能也比较清楚，但是两个选手所表现的赛场的心理状态和应变能力是不一样的，其最后的得分也有差距。就第二个选手来说，他也是出现了摇酒壶分开、洒落、滴落的情况，但是整个心态和应变能力还是比较强的，马上进行更换然后沉稳操作，并且面带微笑，虽然没有达到预计的效果，但是给所有评委老师和赛场的观摩选手都留下了很深的印象，我觉得这一点值得称赞。再就是装饰出现了一个问题，拿起来的装饰或水果不是非常理想的，比如有橙子、有柠檬，从外表上看看不出好坏，但一刀切下去，本来想切片的，但由于里面太软导致不成形，有的选手就不知道该怎么办了。其实在这种情况下，你完全可以改变一下制作的装饰的样式，切不了片可以切一个三角，也可以转一个圈下来，而不是手忙脚乱最后导致没有装饰。这一是反映了应变能力，是深层次地说还说明了准备不足，包括指导老师在指导时只能是1、2、3，但学生不能做到举一反三，这个要有预案，一旦出现问题，要知道下一步该怎么办，至少有2至3个预案，让学生训练，让学生掌握，以便解决会出现的问题，提高学生的应变能力。

由于时间关系，就为大家介绍这么多，最后感谢大赛组委会为大家提供这次难得的交流学习机会，再次感谢大赛的总协调匡家庆院长和各位老师，各位都非常辛苦，有目共睹。我感到非常幸运，最后祝大家生活愉快，学习进步，明年大赛更好，谢谢大家！

（根据录音整理，未经本人核实）

（十二）英语介绍评判解析

内容：

准确性： 选手语音语调及所使用语法和词汇的准确性；

熟练性： 选手掌握岗位英语的熟练程度；

语言表述： 选手语言表述简练、清晰、规范；

问答准确性： 选手正确回答现场提问。

裁判解析： 语法正确，词汇丰富，语音语调标准，熟练、流利地掌握岗位英语，语言表达清晰、规范。

英语组裁判长托马斯教授点评：

Good afternoon ladies and gentlemen. Thank you so much for giving me this opportunity to speak to you in English only because my Chinese is very bad.

When I came in today and yesterday, I saw all of you, the students, dressed up. You look so smart and so elegant, you look fantastic. If I were the human resource manager, I would employ all of you to work for me.

Well, as our chef just said, your personal presentation is very important, because this is the first impression you give me. When I see you for the first time, please don't make me feel nervous. When I see you, some of you stand like this, and

图3-10　托马斯教授点评

say "Good afternoon ladies and gentlemen". This is so unnatural, this is not normal. Relax, please relax. I am your English speaking judge, don't be afraid of me. Maybe I am a foreigner came to your restaurant, don't be afraid of me. We want you to speak English confidently, we want you to speak English with knowledge and skill, this is why we have English as part of the competition. It's very important for every student to learn this. This competition is 2016 National Vocational Students Skills Competition, this is not a teachers' competition. Some of you are trying to speak Shakespeare language, it's too hard even for me. I can not pronounce some of the words in your menu, it's too hard.

Teachers please think that how you want to help your students. Your table arrangement is beautiful, your flowers are beautiful, but the students can not express themselves. When students can do something well, we are so happy, because the students can understand us. But sometimes the students can not, we know you are nervous, because what you do is so hard. The competition is not about hard, it's about speaking from your heart. Your table looks beautiful, you look beautiful, now you have a few minutes to show me how beautiful you are in your English language. Now the mark is only ten, so maybe you think: I don't need the ten mark. But many researches are showing this: China will be the largest English speaking country in the world. And I believe this. Do you know who will go to help? You, the teachers. Without your help, English will always be just ten percent. We want to increase the level, we want to make sure that you meet someone that overseas, you have a beautiful bottle of French wine, you can present it and talk about it. When you serve me a cup of coffee, you can talk about how beautiful it is to taste. When you talk about chocolate, when you talk about food, you know you can explain it, you know what you are saying. This is what I think as your English speaking judge. That's what I want to say.

Many things you've done are very good. But I think we have room to improve. And this is my advice to each one of you. Don't be shy, don't be scare, don't be nervous. Because what you are trying to do at the moment is too hard. Make it easier for yourself. I can tell you, I have a lot of experience with western food. England does not agree with France with regards to western food. New Zealand does not agree with Australia about western food. So who does China follow? Does China follow France? Because New Zealand does not agree with France with regards to western food service styles. Some of them serve from the left, other people serve from the right; some people present wine this way, other people present wine in that way. Which is the right way? So my advice to you is: it's very important for China to decide what is your standard. You must know what you want to do as China. This is my opinion.

People can learn from you, you are China. When I came to China, you have many beautiful restaurants in Shanghai, Guangzhou, Shenzhen, even in Nanjing. Now we want good able beautiful men and women to stand, to serve, to be able to communicate in a professional way. This competition is professional, I think this is what Beijing, China wants for us in professional training. We need to be professional, firstly as Chinese, then as international. So we can stand to show everyone this is who we are and this is what we do.

（根据录音整理，未经本人核实）

总裁判长汪京强教授点评：

非常高兴能有机会与大家交流，到目前为止我们的西餐宴会服务比赛，举办得非常成功，我的心情依然激动和兴奋。在这里首先要感谢安排赛事的南京旅游职业学院，感谢所有的裁判，感谢所有选手的教练、领队和选手们。

我今天的点评与以往不太一样，主要体现在我只谈五个关键

图3-11　汪京强教授点评

词：评、教、练、选、赛。在这五点里包括我们的选手、老师和裁判对大赛的理解。去年在成果的转化过程中，出了一本书《固本培元，卓越引领》，这本书在我们去年扫盲的基础上，特别是在台湾高雄餐旅学院游达荣教授的帮助和启发下，西餐大赛的成果转化非常成功，今年我们依然会在比赛成果的基础上继续深化我们对西餐文化的理解和评赛。

第一个是"评"，评的是什么？评展现的是西餐知识、仪容仪表、西餐宴会的设计、主题、英语口语、调酒比赛。

西餐知识，首先是服务的方式有意式、法式、俄式、英式，甚至包括我们所谈到的，除了中餐以外的服务方式。但这个方式的固定也是我们这一次利用西餐的服务比赛，特别是酒水、主题、过程这三个方面。

仪表仪容上面我想说这个同学的笑容让我现在有着很深的记忆。那么，我们能看到下图（图3-12）是我们同学的一个头发后面，特别是发际、发丝。我们老师在给选手进行比赛前的仪容仪表的辅导之后，有些同学这次还有些比较过的浓妆，比如说贴的假的眼睫毛，甚至一些老师给选手化了深色的眼妆。其实我们想让学生在工作和比赛过程当中，以一个淡妆的方式出现。

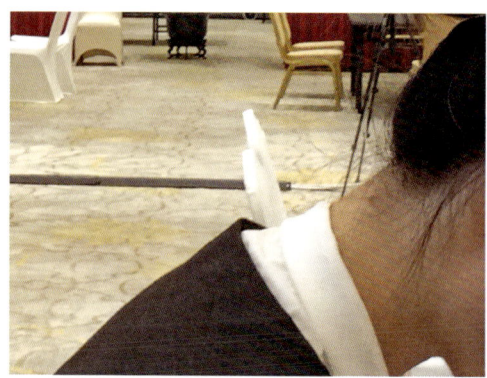

图3-12 仪表仪容问题（1）

　　这里选取一两个选手，所有选手的图片不作为特指，只是概括一个现象。不要因为说这个有问题为什么拿了一等奖，那个没问题为什么拿了三等奖。所以今天看到的照片没有一个选手的照片会呈现桌号、台号和选手号。这个同学发髻的问题反映什么呢？至少要有一个网髻，那么这个网髻在处理的时候，老师可以选取与台面上面的相同或者相近的颜色。这位男同学我印象最深，特地问过他，眼帘为什么那么深？我以为是前天晚上被老师虐待，就像我们同学平常在讲"我待大赛如初恋，大赛虐我千百遍"。这位男同学眼帘颜色比较深，但是他说是以前遗留下来的。另外我们同学在展示手的过程当中，我们还注重选手的指甲，也对六位同学手的姿态，站姿打分。为什么指出站姿？由不同仪态表现出来的六位同学，六个站姿，给人的感觉是不同的（见图3-13）。

图3-13　仪表仪容问题（2）

对于西餐宴会的设计，主要是根据设计的要素，特别是设计的线路。既然要比赛，老师和裁判评选什么呢？评的首先是斟酒、服务主题设计、餐台餐具、服务行为，还有菜单的设计及创意的思路。这些所构成的是一个设计的线路。作为一个创意的思路，我们会从赏鉴方面，比如说台面色彩、搭配、构图、立意；从比例上面我们会从距离、高低、冷暖、深浅；从新颖上面，裁判们会评亮点、实用、创作、合一。你们不要出现一些相同的东西，比如用前几年赛事的作品，今年又表现出来，那么我们裁判都会相应对这方面进行一个评测。那么作为赏鉴、比例和新颖，这是我们对这个台面的一个科学的判断。这是（图3-14）一位同学所做的一个中心造景，因为我没有参与任何评判，我个人认为，西餐的宴会设计的色彩越来越显得深沉、单一、沉寂、积淀。

图3-14　学生中心造景示例

菜单的设计要有三个要素。首先是颜色，你怎么选择的？里面的构图，又是怎么做的？字是不是规范的？你的主题、菜单跟我们菜式和我们宴会摆台主题是不是统一？当然还突出一个艺术性，所写出来的字，是不是上留天，下留地，左朱雀，右玄武。菜单包括主题的封面，有罗马假日、梦幻迪士尼等。菜单主题的内容比往年比赛更加丰富，更加现实，更加文化。台面的用品要求是和谐统一、色彩统一、质地环保等。这是我专门选取的几个我个人认为的色彩与主题较为统一的台面。

图3-15　台面设计示例

宴会的摆台显现出来一些问题。比如说去年扫盲之后，从今年起很多选手知道西餐服务是怀着一种令人感动和感激的服务文化在里面的，所以台布在铺的过程当中退拉的，边退边拉的，并不像中餐撒网式或者抛撒式的。

另外一个问题是选手在操作过程当中离台面过近，已经摆好了台，但是选手再摆后面的餐具或者再进行酒水服务过程当中，离台面太近，会影响服务操作过程当中对于台面的整理；还有摆件的距离不等，也是今年比较突出的问题，比如说我们左下角（图3-16）的这个餐具，好像跟整个大赛水平有些距离，因为没有甜品勺。

甜品匙、甜品叉勺加在了两边，而且整个餐具距离，并没有显现出来。另外，托盘方式在我们整个托盘的行走过程当中它所运用的是一个比较科学的力学。比如我们要进行的一个服务过程当中，转身时托盘是一个钝角，如进行侧面操作时，角面位置应该是一个直角；如果进行贴身服务时则是锐角。所以老师在教授服务的过程当中要知道人体的功效，对于托盘的技巧要有一个科学的理解。

作为服务行为可以从步态、微笑、眼神、托姿、斟酒、收尾等方面来衡量我们这几个选手的微笑，让我们感觉到一直所存在的是一种职业的、专业的语言。那么作为这些步态，我想大家可能知道西餐服务的角度，昨天我也演示过，六把椅子，学生所走的步态和平时走路是不一样的。中餐里面的是十人台，有"三步丁字法"或"四步丁字法"这

图3-16　缺少甜品勺的餐具

种服务语言,其实就在我们服务过程中而体现出来。当然另外还包括微笑,我们很多选手在给我们展示仪容仪表时用微笑,但一转身微笑就没有了。微笑,顾名思义,你眼里要有评委,你的一举一动左右我的视线,你的唇齿之间锁着我的爱恋,恋你千遍不厌倦。这首歌说明选手无时无刻地需要用眼神来跟评委、客人交流。

上面所说的是有关"形"的,下面来谈谈"教"。谈到教,也就是教练怎么来训练选手?教什么?首先我们知道,高职的同学已经摆脱了重复性的机器般的操作,而我们老师、教练应该教他们操作时的思维。首先选手的操作肯定都练了千百遍,动作已经很熟了,熟了之后就要练"巧",这个巧就是"技能",也就是我们在练的过程当中知道它的技术而把它提升到技能方面,已经"熟能生巧"之说。所以我们在训练过程当中,最后达到让学生有了操作思维,而不是简单地、机械地操作。

另外,我们这次增加了台面的整理,从这点可以看到,同学和老师在训练过程当中有没有一个习惯的养成。这个习惯的养成从什么做起?从我们自身的每一点每一滴做起。今年现场保持得很干净,没有多余的废纸垃圾,这就是我们的选手养成了良好的习惯。当然也有一些问题:在摆台过程中,托盘超出桌面外沿,这样容易造成安全事故;餐具没有整齐列出;托盘放在地下;摆件不清晰,没有对工作台进行系统的整理;选手着装不符合要求,鞋子选用漆皮的,跟岗位气质有悖,不符合职业要求;选手在托盘背面进行餐巾折花等。

图3-17 台面整理示例

说明在去年扫盲的基础上,还有许多老师指导学生的过程中存在基本动作的错误操作,这方面其实就是在操作中养成的习惯。有的同学在摆台中的专注度是我们非常喜欢的,但有的同学的托盘动作是错误的,因为他的托盘边缘太靠近手臂之上,他的姿态非常好,但是忽略了操作的准确度。有的同学在进行菜单制作、调酒时的专注度,恰恰就是我们需要的西餐服务中的专注。

那么，怎么教？我想说以前所提到的"传道授业解惑"，我们不妨倒推一下如何解惑，也就是我们老师在教我们同学进行西餐宴会服务时，你怎么解决学生的疑惑，特别是西餐的知识。也有同学在摆件过程当中还问我们要咖啡勺，当时我们赛场的总负责吓了一跳，我们也被学生问懵了，突然想起来咖啡勺是配咖啡杯的。十套餐具，怎么多了一套？后来给学生看了，那叫"甜品勺"。为什么会这样？这是老师在教学生西餐知识、授业方面的问题。我们学习饭店业，我不同意只是为了工资高学生就会死心塌地做，我认为90后学生的这种学习对"业"的理解应该已经超越了我们本身价值的问题，特别是物质价值的问题。传道，我相信每个老师都想通过本次比赛把老师的想法传到同学的身上，但恰恰有些老师的期望值太高，跟他的满意度是有距离的。我们现在逐渐理解的后台和前台之间的关系，比如作为餐饮，我们肯定把自己对食物的崇拜，用这种服务来呈现给客人，至关重要的就是环境。今年的主题中，有一个主题叫作《帆叶》，我理解了半天，觉得非常好。这个宴会中心造景是个机器人，我们的学生已经把新颖跟仿真的思路固定，限制搭配，这点很好。初视餐桌，桌上是一个有机南瓜，他的整个思路切合自然。还有个主题叫《生命的歌咏》也不错，更多地衬托爱，如英文"education"用中文读法就是"爱就开心"，中式和西式教育的重叠，富有新意。

第三个，就是"练"，首先就是基本功：英语和程序。托盘就是基本功之一，定位则是依据参照物进行的创造的呈现，台面在设计方面不要增加过多零碎的物件，简单最好。接下来我们是要提出的，在赛项说明时，我们的匡院已经提示过大家熨烫台布时不能故意留下痕迹，这类在分数上都会降一个档次，所以大家今后不要耍一些小聪明，也不要教学生这样的方式。现在，我们不太提倡桌面中间摆一些桌旗，所有桌旗90%都是歪的。学生摆一百次，可能就有100种摆法。座位可以怎么练？首先有流线、节奏、节点、模块。所谓的流线，分为顺时针和逆时针。顺时针操作时，每一步的操作都有一定的节奏和节点，要找到感觉，有些同学在摆件是可以不看餐具。节点可以分为台布、餐盘、餐具、水杯、斟酒、拉椅、主题，这些节点需要我们把握好。节点是动态的，并不是我们把一个台面所列举出的。模块有三个，刚刚讲过的，其中定位最关键、英语最关键、调酒最关键，三个模块的分数最后综合起来的成绩才最能体现他真正的实力和老师的教授水平。

第四点，"选"，这是最关键的。这个大赛可能在一定层次和程度上反映出与以往的不同，很多学校来参加了若干次比赛，但随行而来的指导老师是新老师，也是给这些老师一次机会，可是很多学校在拿到大赛机会的时候不知道怎么做。第一步怎么做？

先选人。为什么选人？选什么样的人？根据我个人的经验，先选英语最好的。在这次比赛中，有个选手获得9.1分的高分，也是唯一一个选手，英语评分评委对这个选手有着很高的评价，原因就是语音语调很好，非常标准、流利。有些学生一看就是背的。英语老师的问题都很简单，西餐是国际化的，所以英语好很重要。选手的英语水平也代表了学校的国际化和职业化。同时也要求职业化，包括选手的站姿、走姿、坐姿、一举一动、一颦一笑，他不是只穿了一件衣服，而与我们没有眼神的交流。还有企业化，在调酒时，同学在操作之前要做足准备工作，认真检查，对调酒的时间的把握、水果装饰物的准备等。在操作过程当中如果发现有什么物品缺失，是不能再向老师要的。所以企业化就要求在做一件事前一定要把准备工作做好，调酒的技术就是用企业化来要求的，不能少，有些同学说我们的设备不好，机器问题。说调酒的工具跟我平时练的不一样，说明我们选手的参赛经验不同。个性化，在评分时，我们看到有两份菜单是相同的，当时我们也吓了一跳，后来一看，这两份的主题摆设不一样，选手不一样，但题型一样——感恩母爱。既然是命题性的，选手可以通过不同的摆台方式呈现出来，老师才有水平，要把90后的个性化在餐台中表现出来。西餐摆台更多地需要沉浸，在比赛时要自然，不要过分紧张。

最后，还有工匠化，就是专一、精致，他的摆台无处不透露着精致。工匠的角度是什么？我们常用的GUCCI包，包的钉子都有历史，都有文化的基因，还有品牌的标志性。我选了几个具有个性化的台，不作为延伸问题。接下来怎么选？以人选材、以台映材、以材烘景、以景怡情、以情塑境。举个例子，排除英语不说，如果跟老外比用叉子吃通心粉，你肯定是比不过的，但如果换成是比用筷子夹豆腐，老外绝对非常佩服。以人怎么选材，这个台用的是麻制的。以材映台，这个材质与我们的台面台布是复合的。以材烘景，咖啡的文化既有他的制作的意境，也有让我们想象的地方。以景怡情，我相信大家都能看到游教授在做客的时候，游教授的微笑。以情塑境，大家都能看懂的，功夫熊猫。

最后谈"赛"。在我们的大赛中，从段落、模块、时间维度所出现的，最后的目标就是拿奖牌。拿不到怎么办？拿不到金牌不好交代怎么办？想拿金牌，明年继续练！谢谢大家！那么最后再次感谢我们裁判、教练及选手以及赛场的工作者。当然也预祝我们今后服务赛项举办成功，我，就是我，不一样的水果，我就是我，不一样的杧果，我们的西餐宴会服务摆台就是不一样的烟火！谢谢！

（根据录音整理，未经本人核实）

项目四 策划篇

任务一　赛手的选择

作为酒店的从业人员，无论是酒店的管理者还是一名负责具体业务的操作者，首先要考虑的问题就是你将以什么样的形象出现在客人面前。如果从客人的角度上看你永远代表着你所在行业的整体形象，你的个人形象是你所在的酒店甚至是你所在的行业整体形象的一部分。但是这不意味着个体形象将被弱化，恰恰相反，正是无数鲜明的个性形象才能形成独特的行业形象。所以作为酒店行业的从业者，要时刻注意自己出现在客人面前的形象。

著名的丽兹卡尔顿酒店管理集团的创始人塞萨里兹先生曾经说过："我们是为淑女和绅士服务的淑女和绅士。"要达到这样的一个高度，酒店服务人员的素质就显得格外重要。这种素质不仅包括了仪容仪表、礼节礼貌、服务用语、形体动作、服务态度、职业道德、业务知识等方面，还应该包含了一种良好的心态，即深刻领悟"服务是人类社会生活中人与人之间相互的依存关系"这个基本信条。

一、岗位气质

气质是人的个性心理特征之一，它的特点一般是通过人们处理问题、人与人之间的相互交往显示出来的，并表现出个人典型的、稳定的心理特点。作为酒店管理类人才，必须具备酒店服务人员所应具备的岗位气质，具体要求：

（一）内在条件

（1）丰富的专业知识与技能。
（2）高度工作兴趣与热忱。
（3）亲切的服务心态。
（4）认真负责、敬业乐群。
（5）良好的语言基础。

（二）外在条件

1. 头脑、眼、手脚及心情等的活动

（1）头脑：反应要敏捷，记忆力要准确，并要有丰富的专业常识。

（2）眼睛：要眼到神到，不可视而不见。

（3）手脚：手脚的举止需要配合适当的要求，避免不必要的动作。

（4）心情：经常以沉着且冷静的心情去服务顾客。

（5）语言：讲话要有礼貌，声音清晰且音量大小适中，并应使用正确且标准的语言。

（6）态度：应亲切诚恳，自然大方。

2. 卫生与服装

（1）手部：服务前，手应先洗干净，尤其注意指甲要修剪清洁，女服务员如有需要只可选用无色透明指甲油。

（2）头发：不要仿效流行式发型，要梳理整洁。

（3）脸部：化妆要轻淡，口红使用薄色者；不要画眉涂眼或浓妆；宜保持朴素优雅之外观予人以好感。

（4）香水：香水之气味容易影响及破坏餐食的美味及室内的气氛，故不宜使用，但可使用止臭剂。

（5）汗水：宜穿着能吸汗的汗衫，注意汗水不要渗出上衣，应经常更换衣衫。

（6）口臭：吃过葱、蒜等特有强味之食物后，应特别注意口臭，牙齿要刷洗干净。

（7）鞋袜：袜子应每日更换，皮鞋时常擦亮，不要使用指定以外之颜色，皮鞋与袜子以深色为宜。

（8）制服：穿着整洁之制服，且要维护衣物之良好状态。服务巾必须随身携带，服务巾为制服之一部分，并随时保持干净。

（9）饰物：指头、手腕为顾客最容易注意的地方，戒指、手表及时髦的首饰不宜佩戴，但结婚或订婚戒指则不在此限。

二、专业知识

根据酒店管理专业人才培养方案，参赛者必须掌握西餐服务中西餐宴会摆台的专业知识，包括：

（一）台布的基础知识

1. 台布的种类

（1）从台布的质地上看，有提花台布、棉质台布、工艺绣花台布、VISA 台布和布质台布。

（2）从台布的颜色上看，台布多以白色、黄色、绿色和红色为主。

（3）从台布的形状上看，有圆形台布、方形台布和异形台布。

2. 台布的规格

（1）180厘米×180厘米的台布，适合4~6人餐桌。

（2）220厘米×220厘米的台布，适合8~10人餐桌。

（3）240厘米×240厘米的台布，适合12人餐桌。

（4）260厘米×260厘米的台布，适合14~16人餐桌。

（5）180厘米×360厘米和160厘米×200厘米的长方形台布多用于西餐长台。

（二）托盘的基础知识

1. 托盘的种类

按照托盘的制作材料，可分为木托盘、金属托盘和胶木防滑托盘；按照用途差异，可分为大、中、小三种规格的长方托盘和圆托盘。圆托盘的直径大于36厘米的为大圆托盘；直径在32~36厘米的为中圆托盘；直径在20~32厘米的为小圆托盘。长方托盘也按此规格分大、中、小三种。

2. 托盘的用途

（1）方盘和中方盘，用于装运菜点、酒水、收运餐具和盆、碟等重的器具。

（2）小方盘和大、中圆盘，一般用于摆台、斟酒、上菜、上饮料等。

（3）小圆盘和6寸小银盘主要用于送账单、收款、递信件等小物品。

3. 托盘的使用方法

按所托物品轻重，有轻托和重托两种方式。物品重量在5000克以内的，适宜采用轻托方式，物品重量在5000克以上，则采用重托方式。

（1）轻托

轻托又称胸前托。此法多用中、小型托盘，有便于工作的优点。轻托的动作要领：

①两肩平行，用左手。

②上臂垂直于地面，下臂向前抬起与地面平行，上臂与下臂垂直成90度角。

③手掌掌心朝上，五指张开，指实而掌心虚。大拇指指端到手掌的掌根部位和其余四指托住盘底，手掌自然形成凹形，掌心不与盘底接触。

④手肘离腰部15厘米。

⑤右手自然下垂或放于背后。

（2）重托

重托又称肩上托。此法多用大型托盘。重托的动作要领：

①用左手。

②左手向上弯曲臂肘的同时，手掌向左向后转动手腕90度至左肩上方。手掌略高

出肩2厘米，五指自然分开，用五指和掌根部控制托盘的平衡。

③托盘的位置以盘底不压肩，盘缘不近嘴，盘后不靠发为准。

④手应自然下垂摆动或扶住托盘的前内角。

（三）餐巾折花的基础知识

1. 餐巾的种类

（1）按质地分，餐巾可分为棉织品和化纤织品。棉织品餐巾吸水性较好，去污力强，浆熨后挺括，造型效果好，但折叠一次，效果才最佳。化纤织品色泽艳丽，透明感强，富有弹性，如一次造型不成，可以二次造型，但吸水性差，去污力不如棉织品。

（2）按颜色分，餐巾颜色有白色与彩色两种。白色餐巾给人以清洁卫生、恬静优雅之感。它可以调节人的视觉平衡，可以安定人的情绪。彩色餐巾可以渲染就餐气氛，如大红、粉红餐巾给人以庄重热烈的感觉；橘黄、鹅黄色餐巾给人以高贵典雅的感觉；湖蓝在夏天能给人以凉爽、舒适之感。

2. 餐巾折花的选择与摆放

（1）餐巾折花要根据宴会的性质、宴会的规格、宾主的身份、爱好、宗教信仰、风俗习惯，冷盘的花色造型，季节及工作时间是否充裕等方面来选择确定所叠花型。

（2）一般大型宴会可选用简单、挺括、美观的花型，但主桌的花型与其他桌的花型要区分开，如主桌的折花可用十种不同的花型，其他桌可用统一的花型（但要突出"主花"）。

（3）宴会主人位上的主位花，要选择美观而醒目的花型，使宴会的主位更加突出。

（4）小型宴会的餐巾折花（杯花），要运用七种不同的手法，折叠出三种造型（动物类、植物类、实物造型类）、十种花，如折盘花，可选择统一的花型，但主位的花要有所区分。

（5）摆杯花时，要注意插入杯中的餐巾花要恰当掌握深度，要慢慢顺势插入，不能乱插或硬塞，以防杯口破裂；摆盘花时要摆正摆稳，使之挺立不倒。

（6）摆放折花时，花形正面要对正席位，便于欣赏；不同花型应高低、大小搭配合理，错落有致，摆放距离要适当。

3. 餐巾折花的基本技法

餐巾折花的基本技法包括推折、折叠、卷筒、翻拉、捏、穿等六大部分，下面予以一一介绍。

（1）推折

①在打折时，两个大拇指相对成一线，指面向外，指侧面按紧餐巾推折，这样形

成的褶比较均匀。

②初学可以用食指或中指向后拉折，这时应用食指将打好的褶挡住，中指控制好下一个褶的距离，三个指头互相配合。

③推折时，要在光滑的盘子或托盘中进行。

④推折，可分为直线推折或斜线推折，折成一头大一头小的褶或折成半圆形或圆弧形。

（2）折叠

就是将餐巾平行取中一折为二、二折为四或者折成三角形、长方形等其他形状。折叠的要求是：要熟悉基本造型，折叠前算好角度，一下折成。避免反复，以免餐巾上留下一条褶痕，影响餐巾美观。

（3）卷筒

将餐巾卷成圆筒并制出各种花型的一种手法。卷的方法可以分为直卷和螺旋卷两种。直卷：餐巾两头一定要卷平；螺旋卷：可先将餐巾折成三角形，餐巾边要参差不齐。无论是直卷还是螺旋卷，餐巾都要卷紧，如卷得松就会在后面折花中出现软褶。

（4）翻拉

将餐巾折卷后的部位翻成所需花样，翻拉大都用于折花鸟。操作方法是：

①一手拿餐巾，一手将下垂的餐巾翻起一角，拉成花卉、鸟的头颈、翅膀、尾巴等。

②翻拉花卉的叶子时，要注意对称的叶子大小一致，距离相等，拉鸟的翅膀、尾巴或头时，一定要拉挺，不要软折。

（5）捏

捏的方法主要用于折鸟的头部。

操作时先将鸟的颈部拉好（鸟的颈部一般用餐巾的一角）；然后用一只手的大拇指、食指、中指三个指头，捏住鸟颈的顶端；食指向下，将餐巾一角的顶端尖角向里压下，大拇指和中指将压下的角捏出尖嘴。

（6）穿

是指用工具从餐巾的夹层褶缝中边穿边收，形成皱褶，使造型更加逼真美观的一种手法。穿时左手握住折好的餐巾；右手拿筷子，将筷子的一头穿进餐巾的夹层褶缝中；另一头顶在自己身上，然后用右手的拇指和食指将筷子上的餐巾一点一点往里拉，直至把筷子穿过去。皱褶要求拉得均匀，穿好后，要先将折花插进杯子，再把筷子抽掉，否则皱褶易松散。

（四）摆台的基础知识

西餐摆台分为宴会摆台、便餐摆台。具体摆台方式是根据菜单设计的，食用某一类型的菜点，就相应地放置所需要用的餐具。

1. 摆台的要求

先铺好台布，定好座位，再按顺序依次摆放餐具、酒具、餐台用品、叠摆餐巾花。摆台时，要求台布铺设正中平整，台料齐全，位置恰当合乎规范；餐具齐全，干净无破损，位置正确，距离匀称；餐椅与餐盘对齐，椅子与餐桌保持适当距离。

2. 台布的铺设

台布的规格应与餐台的规格相适应，较长的餐台，台布需几块拼铺起来，铺台时服务员分站在餐桌两侧，将第一块台布定好位，然后按要求依次将台布铺完。台布压贴的方法和距离要一致，两块台布的重叠部分不得少于10厘米，台布的开口应背向宴会厅。铺好的台布正面一律向上，台布之间要求中心线对正，台布两侧下垂部分要均匀。

3. 摆台餐具摆放顺序

先摆餐盘（装饰盘）定位，后摆各种餐刀、叉、匙，再摆面包盘等，最后摆各种酒杯。餐具摆好后，在餐盘中摆上餐巾花，桌子中间摆上花瓶、胡椒粉瓶和盐瓶，还有糖缸和蜡烛台等。

4. 摆台基本要领

左叉右刀先里后外，刀口朝盘，各种餐具成线，餐具与菜肴配套。

摆台前：应将摆台所用的餐、酒用具进行检查，发现不洁或有破损的餐具要及时更换，用时要保证用品符合干净、光亮、完好的标准。

摆台时：要用托盘盛放餐具、酒具及用具。

西餐宴会宾主席位，西餐宴会各种台形宾主席位的安排大致相同。主人席通常安排在席台上方正中，主宾席位安排在主人右边，副主宾安排在主人席位的左边，其他客人则从上到下，从右至左依次排列。

（五）酒水斟倒的基础知识

1. 斟酒的基本方法

斟酒方法一般有两种：一种是托盘端托斟酒，即将客人选定的几种酒放于托盘内，左手端托，右手取送，根据客人的需要依次将所需酒品斟入杯中。这种斟酒的方法能方便顾客选用；另一种是徒手斟酒，即左手持餐巾，右手握酒瓶，把客人所需酒品依次斟进宾客酒杯中。

2. 酒杯的选择

酒杯的使用有一项通则，即是不论喝红葡萄酒或白葡萄酒，酒杯都必须使用透明的高脚杯。使用高脚杯的目的则在于让手有所把持，避免手直接接触杯肚而影响了酒的温度。用拇指、食指和中指并持杯颈，千万不要手握杯身，这样既可以充分欣赏酒的颜色，手掌散发的热量又不会影响酒的最佳饮用温度。

基本上，大部分类型的葡萄酒（红、白、桃红）都可以用郁金香形的杯子，杯颈长、杯碗圆、杯身向上收窄。但讲究的饮酒者不仅根据葡萄酒的种类选用不同酒杯，甚至同类的酒，由于产区、年份不同，酒杯也要有所区别。

大致说来，红酒杯的类型主要有三种：波尔多酒杯、勃艮第酒杯和全用途的酒杯。波尔多酒杯比较高，杯口较勃艮第酒杯窄，以保留杯内波尔多红酒的香味。容量从12到18盎司不等，有时还会更大。勃艮第酒杯的特色则是大而圆，高度和宽度都大约相等，其杯口较波尔多酒杯宽，适用于气味香醇的酒。容量大约在12到24盎司之间，有时也会更大。同样是红酒杯，适合波尔多的，是较长身的郁金香形；而适合勃艮第的，则是杯身较矮的款式，有的品牌甚至将之做成圆球状，毕竟两地的酒，性格不大一样。喝白葡萄酒的杯子，杯身较高，因为白葡萄酒的香气不会像红酒那么强烈，它不需像红酒那样经"呼吸"而醇化。较小的空气接触，可令香气、口感更持久。

3. 斟酒的顺序

西餐斟酒的顺序要以上菜的顺序为准。

上开胃盘时应上开胃酒，配专用的开胃酒杯。

上汤时要上雪利酒（葡萄酒类）配用雪利酒杯。

上鱼时，上酒度较低的白葡萄酒，用白葡萄酒杯并配用冰桶。

上副菜时上红葡萄酒，用红葡萄酒杯，冬天饮这种酒，有的客人喜欢用热水烫热（宴会用酒不烫）。陈年质优的红葡萄酒往往沉淀物较多，应在斟用前将酒过滤。

上主菜时上香槟酒，配用香槟杯。香槟酒是主酒，除主菜跟香槟酒外，上其他菜看点心或讲话、祝酒时，也可跟上香槟酒。斟用香槟酒前，应做好冰酒、开酒、清洁、包酒等各项准备工作。

上甜点时跟上餐后酒，用相应酒杯。

上咖啡时跟上利口酒或白兰地，配用利口杯或白兰地杯。

4. 斟酒倒水的标准

在斟倒酒水服务时，首先将酒注入主人酒杯内1/5量，请主人品评酒质，待主人确认后再按顺序进行酒水的斟倒服务。进餐当中每斟一种新酒时，则将上道酒挪后一位

（即将上道酒杯调位到外档右侧），便于宾客举杯取用。如果有国家元首（男宾）参加，饮宴则应先斟男主宾位，后斟女主宾位。一般宴会斟酒服务，则是先斟女主宾位，后斟男主宾位，再斟主人位，对其他宾客，则按座位顺时针方向依次斟酒。酒液斟入杯中的满度，根据酒的种类而定。

三、英语水平

作为酒店服务人员的基本要求，参赛选手应该具有一定的英语水平，其基本要求为语法正确，词汇丰富，语音语调标准，熟练、流利地掌握岗位英语，语言表达清晰、规范。其中具体要求为：

（1）准确性：选手准确的运用合适的语音语调及所使用语法和词汇。

（2）熟练性：选手能够应用岗位英语。

（3）语言表述：选手语言表述简练、清晰、规范。

四、心理素质

随着酒店业竞争日趋激烈，酒店客人的个性需求越来越复杂，对从事一线服务的员工要求也越来越高。一个优秀的酒店员工，不仅要具备丰富的知识和高超的技能，还应具备较好的心理素质。而且作为比赛的选手，因为比赛环境的影响，应该具有良好的心理素质。选手应具备的心理素质：

（1）情绪控制能力：应包括两个方面的内容：其一，准确认识和表达自身情绪的能力；其二，有效地调节和管理情绪的能力。

（2）沟通协调能力：对于现场裁判的提问、质疑，选手能够及时地沟通表达，而不会表现出紧张、语无伦次等现象。

（3）应变创造能力：工作中随时可能遇到突发性特殊情况，这就要求选手具备良好的应变创造能力。

（4）语言表达能力：语言表达能力是酒店从业者和顾客搞好沟通的关键，有了良好的沟通才能为顾客提供更好的服务。所以，良好的语言表达能力是每位选手必须做到的。

五、职业品质

酒店服务中不仅需要各级管理人员拥有一定的管理水平和经验，最根本的是基层服务人员同样拥有良好的职业素质和修养，不管你是谁，在酒店对客人服务的舞台上，"只有小角色，没有小演员"。因此，作为未来酒店的从业者，比赛选手除了具备一定的专业知识和良好的心理素质外，还必须具备良好的职业品质。具体要求如下：

（1）仪容仪表方面：仪容仪表要求整洁大方，符合比赛以及服务工作要求。

（2）言谈举止方面：作为比赛选手，选手要求言谈举止大方，落落大方。

（3）思想道德方面：要有基本的道德素养，能够做到尊重评委老师，尊重其他选手。

任务二　主题设计

主题宴会是通过一系列围绕一个或多个历史文化或其他主题为标志，向客人提供宴会所需要的菜肴、基本场所和服务礼仪的宴请方式。它最大的特点是赋予宴会以某种主题，使主题成为客人容易识别的特征和产生消费行为的刺激物。

一、主题类型

按照宴会的性质和主题划分，主题宴会的类型主要分为：

（1）庆祝主题宴会。

（2）商务主题宴会。

（3）迎宾主题宴会。

（4）民俗风情主题宴会。

（5）保健养生主题宴会。

（6）以节日为主题的宴会。

（7）以科技创新为主题的宴会。

（8）自主创新类型的宴会主题。

二、主题选择

西餐主题的选择要求遵循一定的原则：

（1）实用性原则：主题创意设计突出实用性，具有推广和使用价值。餐桌的间距、餐位的大小、餐桌椅的高度与距离、餐具的摆放、台面的大小与服务方式，都要以满足客人进餐的需要为前提，以方便客人为原则。

（2）美观性原则：主题宴会台面设计在满足实用性原则的基础上，结合文化传统、美学结构，将台面各种器具进行艺术性的陈列和布置，起到烘托宴会氛围、增强宾客食欲的目的，具体表现为：餐具摆放美观，餐椅摆放整齐划一，台面色彩协调平衡，装饰与餐饮风格一致。

（3）创新性原则：主题创意要有一定的新颖性和独特性，能够具有鲜明的主题色彩。

（4）礼仪性原则：宴会台面设计，要符合礼仪规范的文明风尚，例如插花、餐巾折花、餐椅与台面的颜色、供应的酒类要符合客人的宗教信仰等。

（5）特色鲜明原则：主题宴会设计贵在有特色，要在菜品、酒水、服务方式、场景布置以及台面上表现。

（6）舒适安全原则：宴会主题的设计要考虑宴会整体的舒适感以及安全。摆台所用的餐具要符合安全卫生的标准，在摆台操作时要注意操作卫生。

（7）美观和谐原则：宴会主题设计的各个元素要考虑清楚，围绕主题展开，要求整体和谐美观。

（8）科学核算原则：宴会设计要考虑成本因素，在进行主题设计的时候，一定要考虑整体宴会成本的控制。

三、主题设计

主题设计是指基于主题实体的设计，将一个主题贯穿始终，包含赛手选择、台面设计、赛手服饰、菜单设计、服务设计、环境设计、餐盘设计、酒水设计等一系列过程。

（一）选人

人是"西餐宴会设计"的主体，选择合适的人是比赛成功的一半。通过日常的教学，注重赛手理论知识和实践技能的培养，从中选择综合能力排前并对技能大赛感兴趣的赛手。赛手都具有可塑性，选人要注重形象，因此，选人要注重全面发展，如图4-1。

图4-1 选人参考图

（二）选台

以人定台。人是主体，台因人而出彩。设计台面主题时要符合摆台赛手的气韵，以台映人，使两者相互呼应。例如，选择气质出众具有文艺气韵的赛手参加比赛，设计的台面主题就要偏向艺术类题材，否则会造成冲突，影响评判分值，如图4-2。

图4-2　音乐之声

"音乐之声"整个台面以金黄色为主，点缀以黑色、红色，象征着维也纳音乐厅的金碧辉煌。台面构成元素均围绕"音乐"主题，包括印有键盘图案的椅套、印有五线乐谱的餐巾布件；具有创意、喻指身着盛装的绅士、淑女的西装、裙装餐巾折花，阶梯式折叠摆放的口布；由钢琴、小号、萨克斯等组成的乐器群组等的组合，将音乐主题表现得淋漓尽致。尤其配有颇具艺术气韵的选手，达到人台合一的境界。

（三）选景

同一个台面主题下包含不同的小主题，从中选择独具特色，可以展示的场景进行设计，以景映台，突出台面设计主题。节庆类主题在进行场景设计时要注意各种节庆和庆典活动中特定的标志物，公认的礼仪规制，在把握好主题的前提下加入独特的创意设计，以使主题增彩，如图4-3。

图4-3 HALLOWEEN

"万圣节"主题台面以黑白色为主色调,中心装饰物有刻有鬼样的南瓜头及骷髅情侣等万圣代表性物件,在南瓜鬼样烛台的映照下,虚拟一幅万圣节场景,对主题起到画龙点睛的作用。

(四)选材

场景的设计需要餐具、菜单和花摆等材料的营造,以材映景。在选择材料时要注意与台面场景设计的呼应,以烘托景为主。地域民风民俗类主题以凸显地域特色为主,因此在选择主题造景的花摆、餐具和菜单等材料时就要以突出当地文化特色或秀美风光为宜,奢华、精致的材料反而会破坏台面主题与场景设计,如图4-4。

图4-4 神秘埃及

"神秘埃及"主题要表达的是以金字塔为代表的古老埃及的神秘性,布草采用的高亮、低纯度金色滑料,过于现代化无法体现古老性与神秘感。建议选用低亮、高纯度、鱼鳞纹黄金色台布凸显黄沙、金字塔特色,或选用低亮黑色或咖色凸显主题神秘感。

(五)选意

宴会设计并非是简单的场景呈现,而是为了实现餐饮消费中物质与精神、科学与艺术的完美融合,让消费者在享受美食的同时,体验到宴会的独特文化内涵。因此,宴会设计要有主题,更要有意义。以意映材,突出材料的意义,如图4-5。

图4-5 感恩母爱

"感恩母爱"主题选择的初衷在于希望向用餐者传递母爱伟大之情。台面中印花暗咖色台布象征着朴素的母爱,中心白玫瑰花簇象征着母爱的纯洁,天使般的小女孩在花簇的簇拥下手捧最珍贵的珍珠献给母亲,充分表达了对母爱的感恩。

(六)选情

以情映人,表达设计者想传递的祝福与期盼,是技能大赛的关键。在摆台过程中,人(摆台者)如果只是机械地操作,那么只能是完成了基本要求,并没有表达出主题的精髓。主题设计需要摆台者通过其情感表达出来,才能引起裁判的共鸣。一位从容、面带微笑的摆台者和一位紧张、面无表情的摆台者相比,毫无疑问前者更容易获得大众的喜爱,若再加上适当的肢体语言,就更能够展现出主题所传递的情感,如图4-6。

图4-6　公主日记

项目五

赏析篇

任务一　对主题的评判

一、认知主题宴会

（一）什么是主题宴会

主题宴会是通过一个或多个历史文化或其他主题为吸引标志，向顾客提供宴会所需菜肴、基本场所和服务礼仪的宴请方式。其最大特点是赋予某种主题，围绕既定主题来营造经营气氛，宴会的菜品、服务、色彩、灯光、装饰以及活动都围绕主题展开，使主题成为顾客容易识别的特征和产生消费行为的刺激物。

（二）主题构成要素

根据主题宴会的概念描述、结合西式宴会服务赛项"促进高职教育紧贴产业需求，培养企业急需的专业高素质技能型人才"的目标，西式宴会在设计主题时首要考虑的因素应是：主题的鲜明度、与市场的对接程度。而宴会主题的鲜明度又受构成宴会的各元素的鲜明度影响，具体包括宴席名称、菜品、服务、色彩、灯光、装饰以及活动等。与市场的对接程度要求所设计的主题及宴会布置能够刺激或满足一定目标消费群体的需求，这就要求设计者精通主题宴会策划的相关知识，特别是市场调研与分析等基本方法。

二、西式宴会主题评判：案例分析

由于根植本土文化，设计者对中餐宴会主题的选择范围极为广泛，可以是通俗易懂的景物写实再现，也可以是深入浅出的文化内涵挖掘；可以是历史的，也可以是现代的；可以是东方的，也可以是中西结合的；等等，总之，佳作不断，百花齐放。与中餐宴会设计不同，西餐由于是舶来品的原因，主题挖掘难度较大，与去年作品相比，今年作品除了"自然环境、生活光景、西方传统节日"主题外，还增加了"艺术类、励志类、情感类、神话类、民族类、历史类、事件类、时尚类、商业类"等，不仅类型丰富多彩，而且作品内涵挖掘更深入、市场适应性更强。接下来选取部分作品进行案例分析。

案例一:"致匠心"主题

图5-1 "致匠心"主题摆台图

【主题创意说明】"匠心"指的是将人们对自己产品精雕细琢、追求完美的精神理念。瑞士表匠凝神专一,对每一个零件、每一道工序、每一块手表的精心打磨和雕琢,成就了瑞士手表的经典,是"工匠精神"的最好诠释。本设计运用了大量瑞士手表工艺为代表的工匠元素,意在向"精益求精、追求卓越"的传统工匠精神致敬。

【主题评析】该主题灵感源于现实社会产品质量问题及国家对工匠精神的大力推崇,旨在向现代浮躁社会的人们宣扬"精益求精"的工匠精神,属于励志类主题。宴会命名识别性高;台面各元素均能凸显主题:深褐色的桌布代表了传统工匠厚重的木质工作台;口布和桌旗展示了瑞士手表复杂精致的制作工艺;中心装饰物精致的钟表是工匠精神的体现;欧式烛台烛光象征着工匠精神薪火相传。

从主题内涵来看,该主题寄托着希望工匠精神复兴的理想,也希望宾客在品味美食的过程中,精致的台面、厚重的色彩、鲜明的物件能够把顾客引入工匠环境,能够让顾客有所反思。从市场角度来看,主题宴会设计针对的目标市场是企业家群体,希望企业家们能够坚守一份工匠精神,市场推广和适应性较强。

【作者】金华职业技术学院 周晓增(选手),卢进(指导教师)

案例二："关爱"主题

图5-2 "关爱"主题摆台图

【主题创意说明】慈善晚宴作为西餐主题宴会的重要组成部分，有着广泛的市场需求，此台西餐主题宴会"care"的创意来源于每年10月8日的世界"防乳癌关爱日"，宴会主题寓意关爱女性，关注女性健康。

【主题评析】该主题旨在突出对女性健康的关爱，属于情感类、商业类主题。宴会命名只能部分体现主题，建议提高命名识别度。宴会整体设计充分体现"关爱女性"主题。主题造景选用粉红色、白色作为主色调，提取了世界"防乳癌关爱日"标志物的粉色，提取了象征纯净、健康与医学的白色，两种色彩相得益彰，充分体现女性与健康主题。椅套上的"粉红丝带"是"防乳癌关爱日"的真实展现；白色康乃馨和粉红丝带Logo组成中心装饰物，造型简洁，凸显主题。

从主题内涵看，主题通过对"防乳癌健康日"慈善宴会的展现，呼吁人们关爱女性健康，呼吁女性关爱自身健康。从市场角度，主题本身应需求而生，且主题的目标市场范围较广，可以适用健康、医疗机构等慈善或商业类高端宴会。

【作者】江西旅游商贸职业学院　余佳倩（选手），朱晟轩（指导老师）

案例三:"印象莫奈"主题

图5-3 "印象莫奈"主题摆台图

【主题创意说明】克劳德·莫奈是法国画家,被誉为"印象派领导者",是印象派代表人物和创始人之一。本次设计就是要通过画作再现来表达我们对莫奈的喜爱之情。我们知道,"睡莲"一直是莫奈的灵感作品,他一生共画了大约48幅睡莲作品。

【主题评析】该主题以莫奈睡莲画作为背景,表达了对画家莫奈的崇敬与喜爱之情,属于艺术类主题。宴会命名鲜明,能让顾客轻松识别;主题造景主要表现莫奈印象派风格画作睡莲,蓝绿色台布仿佛夏天里的一片宁静的湖面,台面桌旗睡莲画作色彩丰富、莲花绽放,远远望去就像盛夏开满莲花的、姹紫嫣红的、波光粼粼的深蓝湖面;台面中心形状各异、大小不一的睡莲花苞竞相钻出画框,增强台面立体感;浅紫色餐巾与蓝色台面相得益彰,睡莲画作餐巾凸显主人尊贵地位。

从主题内涵看,该主题仅仅表达了对画家莫奈的喜爱之情,过于肤浅。从市场角度看,主题说明并未表明针对的顾客群体,评析者认为以此种艺术作品为主题的宴会主要适用于艺术家群体、艺术爱好者或艺术相关机构。

【作者】浙江商业职业技术学院 黄雯雯(选手),徐胜男(指导教师)

任务二　对餐台的评判

一、餐台设计

餐桌布置艺术最早源于欧洲国家，在我国出现较晚，但发展很快，现在已成为酒店服务中必不可少的重要内容，它在突出宴会主题、烘托宴会气氛、明确宴会档次、安排宾客坐序、体现服务水平等方面，具有十分重要的作用。

（一）宴会台面设计要求

宴会台面设计，既要充分考虑到宾客用餐的需求，又要有大胆的构思、创意，将实用性和观赏性完美地结合，所以宴会台面设计时要满足以下几个基本要求：

（1）宴会餐台设计的基本目的是满足宾客用餐需要，这是餐台设计的根本，宴会台面设计中的其他任何装饰都必须围绕这个根本来进行，切忌舍本求末，不能为设计而设计，或者因为台面过度的装饰设计而忽视了客人的用餐需求。

（2）设计要围绕宴会主题和档次进行。举办宴会一般都有某种特定的目的，因此宴会台设计的要素都应围绕举办宴会的主题展开。例如：婚庆宴会应用玫瑰、百合等花卉反映主题，摆"喜"字、百鸟朝凤、蝴蝶戏花等台面；如果是欢迎客人就应用百合、康乃馨等花卉表示，摆设迎宾席、友谊席、和平席等；同时，宴会台面设计还应根据宴会档次的高低来决定餐位的大小、装饰物及餐用具的造价、质地和件数等。

（3）宴会台面的设计要与宴会厅装饰格调相一致。宴会台面设计必须与宴会厅装饰格调协调。如果餐具摆放、装饰物的造型色彩等与餐厅的环境相融、相得益彰，能起到锦上添花的效果；反之，会破坏餐厅的整体美，使客人厌恶和不满。由此可见，根据宴会厅气氛格调和希望表达的状态设计餐具、装饰物的造型、色彩与质感是十分必要的。

（4）宴会菜点和酒水的特点是宴会台面设计的依据。餐具及装饰物的选择，应由宴会菜点和酒水的特点来确定。不同的宴会配备不同类型的餐具和装饰物，如中式宴会应选用传统的中餐具；食用的菜点不同应配备不同的餐具；饮用不同的酒水也应摆设不同的酒具。

（5）根据宴会美观性要求进行设计。宴会台面设计在满足用餐实用性的基础上，应重点从观赏性的角度来设计宴会台面，把台面用具的质地、色彩、文化、习俗等结合起来进行创新设计，突出宴会台面的美观艺术性，烘托宴会气氛，满足宾客的精神需求。

（6）根据宴会安全卫生的要求进行设计。安全卫生是宴会台面设计时应考虑的重要因素之一。所以设计用品都必须符合安全卫生的标准，如不干净的餐具、有刺激性气味的花草不能放到桌面上，摆放餐具时也要注意操作卫生。

（二）宴会台面设计方法

宴会台面的装饰效果，主要通过餐具的质地、款式、色调以及摆放；桌布、椅套质量、颜色和餐具的搭配；餐巾颜色和花款；宴会菜单设计；餐桌主题中心艺术品的设计；服务员的着装、仪容仪表、工作气质和技能及其他装饰等共同来体现的。

1.根据宴会的主题创意设计台面造型

（1）宴会餐台的布件类设计。

宴会餐台所使用的布件包括台布、椅套、餐巾以及服务员的工装。

①台布的设计

每个宴会都有特定的主题，餐台设计要围绕这个主题来装饰。台布、装饰布的颜色、款式的选择要根据宴会主题来确定，以体现服务的内涵，且装饰布或台裙可以选用制作好的常规台裙，也可以选用高档丝绸来现场创作造型各异的台裙装饰台面。

台布的种类很多，根据其质地有纯棉、涤棉、亚麻、化纤等，根据颜色不同有白色、黄色、粉色、红色、绿色等，根据形状有正方形、长方形和圆形。台布的选择宜根据宴会的档次、主题、性质、餐具的颜色，或餐厅装修风格来选择。比如西餐的台布则不宜选用印有花纹图案的布料，特别是带中式花纹的，适宜选用白色、银灰色、卡其色等素雅简洁的颜色。西餐的台布布边不适宜选用压纹，可以用原布边包边缝纫即可。西餐餐桌现今也非常流行在餐桌中心纵方向线上铺桌旗，能令宾客视觉更丰富，令餐桌充满优雅气息，为桌面营造出另一种的温馨的气氛。以宽120厘米的长桌为例，桌旗的宽度约30~35厘米为佳。

台布与餐具的搭配是设计的重点。桌布的色彩、质地、图案与餐具是否搭配协调，直接影响台面设计的效果。如寿宴餐台可以选用红、黄相间的动感台裙，其色彩传统，其造型现代。红的热烈，黄的富贵，使寿宴主题尽显其中。台面设计中主要用品台布与餐具色彩搭配手法通常有：a.同色系配色，如婚宴中红色的台布搭配有红边或红色图案的餐具；b.临近色配色，如香槟色的椅套搭配金色或黄色的台布，或镶金边的杯具；c.对比色配色，如香槟色的椅套搭配白色的桌布。

②餐巾的选择与设计

在台面设计中，餐巾的质地、颜色和花型的选择非常重要。宴会餐巾最好选用棉质材料；颜色应与台布、椅套、餐具的颜色相协调；花型中、西餐各不相同，西餐则多选用以展示盘为底座的盘花。各色餐巾通过一些折法的变化和手艺的创新，可以折制出千姿百态的造型，衬托出宴会主题和气氛（见图5-4）。

用台布餐巾装饰宴会台面是宴会台面设计的重要元素之一。其设计的原则是：

图5-4　优秀的餐巾设计与选择图

A.采用不同颜色和印有象征意义图案的台布铺台，以台布的颜色和图案的寓意来突出宴会主题。

B.根据宴会的性质、规模、主题来选择花型，用餐巾花的无声形象语言，表达和交流宾主之间的感情，起到独特的媒介效果。

C.根据宾主席位的安排来选择花型。宴会主人座位的餐巾花称为主花，主花要选择美观而醒目的花型，其目的是使宴会的主位更加突出。

（2）宴会椅套的设计。

餐椅的主要功能是供宾客就座之用，宴会中所用的餐椅种类很多，如木制的、金属的等，但无论使用哪一种座椅，都需要在餐椅上增加纺织坐垫、椅套等作为装饰，以改变其色调与风格，使其与餐台的其他用品协调，与整个宴会主题相符合。如以红色和粉色为主色调的婚宴摆台，可将粉色丝绸制成的蝴蝶结温馨飘逸地挂在椅后，一束粉色玫瑰插于蝴蝶结中的特有方式向新人表达美好的祝福。

2.宴会餐具酒具的选择与设计

餐具是宴会台面的主要物品，是餐台选择与设计的重要内容。餐具的颜色、图案和质量对表现宴会的主色调和档次有决定性作用。宴会餐具的选择与设计要注意以下几点：

（1）餐具的选用必须能满足客人用餐的要求，又能符合宴会的主题。西餐宴会吃西式菜点，所需餐具主要有展示盘、面包盘、牛油碟、咖啡杯、主菜刀叉、鱼刀叉、沙律刀叉、点心叉、咖啡匙等，还应有烛台、调味架，以及各种不同类型的酒具、酒篮、冰桶、冰夹、冰桶架等。

（2）餐具的选用能符合菜单内容的需要。选择餐具是一定要对菜单有所了解，根据菜单的内容选择匹配的餐具。

（3）可以根据宴会主题、主办单位的会徽色彩等要素选择餐具。如何选择餐具与宴会的主题相一致是设计的一个难点，宴会设计者可以从宴会主题或主办单位的会徽的颜色中寻找思路是非常有效的做法，并以此选择不同风格的餐具或特制出精美的主题餐具来突出宴会主题，搭配出形态万千的摆台造型。

（4）不同规格的宴会选用的餐具的质地档次也不同，餐具的多少也不同，一般宴会的等级越高餐具的质地档次越好，件数越多，以此来烘托宴会的气氛。

（5）餐具摆放的位置应达到整体美、统一的美。可用杯、盘、碗、碟、勺等物件摆成各种象形或会意图案，摆成的图案要与宴会主题相符。

（6）餐具与菜点在色彩上能相互衬托，形成色彩对比。

（7）餐具的摆放应方便客人进餐。

3. 宴会台面中心艺术品设计

宴会台面的中心艺术品的造型，不仅突出了宴会主题，同时也体现了宴会的规格档次。在宴会台面设计中，它起到了举足轻重的作用。中心艺术品造型设计一般可采用以下方法：

（1）台面插花造型设计。

台面插花造型设计是宴会台面中心艺术品设计的最常用，也是最重要的方法。这种方法要求服务员根据不同类型的主题宴会，设计出不同花型，既美化环境、丰富餐台造型，又增加了宴会的和谐、美好的气氛，体现出宴会的隆重，这是一项艺术性很强的工作。

插花造型设计是采用花瓶、花篮、花束、花盆、插花、盆景或花坛等装饰中心台面。插花是花台造型设计中最常用的方法。宴会台面一般都会选用鲜花，鲜花的运用可以烘托台面、美化台面、增进进餐气氛。

餐台插花设计时需注意：

①必须根据宴会的主题选择花材，注意花语。如红玫瑰代表了热情、浪漫和爱情；香槟玫瑰代表了天真、纯洁、尊敬和友爱；郁金香代表了高贵和财富；牡丹代表了圆满和富贵等。选择的花材的寓意与宴会主题相符，更能渲染宴会的气氛。如婚宴可选用玫瑰花、百合、红掌等；商务宴可选用牡丹、黄金球、马蹄莲等；谢师宴可选用向

日葵、康乃馨等。

②花材的选择还应遵循客人的习俗，避免选择宾客忌讳的花材，如接待日本客人，不能用荷花；对法国客人，不能用菊花；等等。

③插花花材香味不宜过浓，以免影响甚至破坏食品和饮品的香味。

④同时注意花卉的质量和色彩的搭配，花材的颜色也不能太多太杂，以免破坏美感。通常色彩搭配方式是对比搭配，也叫反差搭配，就是将反差强烈的两种甚至多种颜色搭配在一起。对比搭配得当，会产生强烈的视觉效果，但对比搭配一旦运用不当，则会让人感到非常不舒服。须掌握一些禁忌的色彩搭配，比如桃红和翠绿，粉红和橘黄。

⑤要注意花卉与宴会场景、餐桌大小、客人视线的有机融合，既营造一种热烈雅致的艺术氛围，插花的高度不能阻挡坐在餐台对面客人的视线。西餐宴会的插花一般不超过30厘米，中餐宴会插花也不宜过高，如果美观需要花型较高，可采用镂空造型。

⑥插花使用的盛器与餐具要协调。插花盛器的材质、造型、盛器的颜色和花材的颜色等应与餐具协调，避免反差过大。

⑦要注意花卉的造型，做到主题突出、生动别致、层次分明、整体协调、富有艺术感染力。

⑧有时为了突出主题需要，可以在插花的基础上加配一些装饰物做衬托或点缀，更会有意想不到的效果，如表达"金玉满堂"的主题，可以选择在金鱼缸上进行插花，当然缸里需要有生蹦活跳的金鱼，因为"金鱼"与"金玉"谐音，文化性和艺术性都同时在一个主题插花里体现了。还可在花卉上放上蝴蝶装饰品，显得更加生动。

（2）雕塑造型。

雕塑造型，就是采用果蔬雕、黄油雕、冰雕或用面塑等装饰中心台面。用这种方法必须注意雕塑造型应形象逼真、立意明确，既可折射宴会的主题，营造一种特殊的气氛，给人以一种美的享受，又能充分展示厨师的高超技艺。

（3）果品造型。

果品造型，是将新鲜水果或装饰水果与其他装饰物组合摆成各种突出主题、富有意义的造型来装饰中心台面。果品造型，既可装篮造型，也可切拼造型。

（4）餐具造型。

餐具造型，即通过各种特定的餐具组合成一定意义的图案来装饰中央台面。

（5）综合造型。

现代餐台中心艺术品已不再是一种造型，往往是以某一造型为主，适当配以其他造型综合而成，达到一种整体和谐之美。

4.宴会的台号、席位卡装饰设计

宴会台面布局中台号、席位卡是一个小的因素，但其作用不容忽视，设计者必须根据宴会的主题风格，中心艺术品的主色调，餐具的档次，宴会的规格、宾客的要求精心策划与制作。如中心艺术品的主色调是蓝色，那么台号、席位卡的制作就要以蓝色为主，上面的图案要根据主题风格来确定。

二、餐台评判案例分析

案例一 "魔法奇幻儿童节"餐台设计

图5-5 "魔法奇幻儿童节"餐台设计

【主题创意说明】这张台面的主题灵感来源于世界著名的哈利·波特系列电影。此系列电影讲述的是一个名叫哈利·波特的小魔法师与邪恶势力作斗争的惊险故事。此主题台面专为喜欢这部系列电影的孩子量身定制，供他们用来庆祝儿童节，并旨在重新唤起这些小用餐者们对那些惊险曲折、引人入胜的电影情节的回忆。

在棉质用品方面，此台面的桌布颜色为深蓝色。这将为整个台面奠定一个具有神秘和梦幻色彩的基本氛围。此外，装饰在桌布边缘的流苏花边，又使这条蓝色桌布更加与众不同。为了搭配这条深蓝色桌布，本台面使用了六条金棕色椅套，并在其上面装饰一些如魔法石、驯鹿和打人柳等曾在电影中出现的道具的图案。而几条带有如彩虹一般彩色图案的餐巾，被折成火焰杯、巫师帽和帐篷等电影道具的形状，更是为本台面带来了几分活力与可爱。

本设计的另一个别致之处，是一对带有猫头鹰装饰的烛台。电影中，这只名叫海德薇的猫头鹰经常帮助哈利·波特送信。而在这张台面的设计中，烛台上的两只猫头鹰也被想象成邮递员，为小用餐者捎来来自宴会主人的热情欢迎和良好祝愿。

在瓷器用品方面，本设计选择了带有金色网格和蓝色边缘装饰的盘子，来突出台面的豪华与优雅。相应地，椒盐瓶亦采用与盘子相同的花纹风格，以达到风格上的统一。

台面的中心造景装饰物由魔法棒、魁地奇金色飞贼、水晶球等电影道具组成。这些道具极具代表性，绝对会给这些看过电影的小朋友留下深刻的印象。不仅如此，由于是在儿童节，为了迎合小用餐者的喜好，一些制作精美的糖果也被运用到中心装饰物中。

【主题创意台面点评】

从历年的台面主题来看，儿童类主题很多，这增加了这类主题台面设计的难度，案例中的儿童主题宴会很巧妙地选择了深受孩子们喜爱的电影哈利·波特为造景切入点，整个台面设计浑然一体，具有很强的创新性、艺术美感和市场适应性。深蓝色台布奠定了主题的梦幻、雅致基调，精美的流苏拼接设计独具匠心，与金棕色椅套融为一体，为台面提亮增色、增加动感活力；口布色彩绚烂丰富、富有童趣，口布造型新颖多样、立体挺括；中心装饰物的造景元素充分切合主题，各元素造型设计和谐一致、层次感强、渲染主题。

【作者】南京旅游职业学院　吴飞（选手），许如忠（指导老师）

案例二 "绿野仙踪"餐台设计

图5-6 "绿野仙踪"餐台设计

【主题创意说明】本次宴会主题是"绿野仙踪"。创意源自美国著名童话故事片——《绿野仙踪》,讲述了美国堪萨斯州小姑娘多罗茜被龙卷风带入魔幻世界,在"奥兹国"经历了一系列冒险后平安返回家乡的故事。多罗茜在历险中结识了稻草人、铁樵夫和胆小狮,他们心怀梦想,团结一心,历尽艰险,终于凭着非凡的智慧与顽强的毅力,达成所愿。

本宴会背景为:上海迪士尼公园开业期间酒店为六位年轻人定制的主题宴会,六位嘉宾年龄在30岁左右,是一起成长的小伙伴,一起淘气、一起探险、一起追逐梦想。

宴会餐台采用白色纯棉桌布,配以绿色桌旗,主题造景采用生机勃勃的多肉植物,整体设计与"绿野仙踪"主题相得益彰。石竹的话语代表爱和勇气,表达出年轻人生机勃勃的生命力和积极进取的顽强精神,同时搭配美式烛台,透明水晶杯子,白色餐盘,巧妙地将西餐中优雅的元素表现出来,充分体现西餐的浪漫与高贵。

"绿野仙踪"是一次奇妙的探险旅行,更蕴含着深刻的思想内涵,激发人们积极进取的精神,带给我们心灵的慰藉。正如影片最后一句台词"There is no place like home",让我们共同感受家的温暖。

【主题创意台面点评】案例主题灵感源于《绿野仙踪》动画片,想要表达的是团结一致、顽强拼搏、永不放弃的精神。台面以白、绿色为主色调,给人以森林般的清新自然之感;棉质布件的采用充分体现自然的质朴之感;中心装饰物以原木木桩嵌入绿色植物为造景体现,营造出了绿野仙踪氛围,特别是石竹的运用,具有装饰台面与突出主题内涵的双重意义。该宴会主题创意具有新颖性,但造景对主题内涵的体现略显单薄,建议餐巾折花花型可采用与主题相关的植物、动物形状,中心装饰物花艺设计中可加入动画片中人物,以增强主题表现力。

【作者】山东旅游职业学院　徐莹(选手),秦谦谦(指导老师)

案例三 "老时光"餐台设计

图5-7 "老时光"餐台设计

【主题创意说明】"老时光"是为怀旧风格的主题西餐厅设计的友人聚会宴席。与以往西餐宴会华丽精致的风格不同，它以20世纪初的英国伦敦郊区为时代背景，通过暖咖色、苏格兰格子、老式放映机等形象，重现了那个时代"低调、优雅而又诙谐"的英伦乡村风情。

餐台以亚麻质地、暖咖啡色的格子布为主旋律，由此奠定了温暖、休闲、怀旧的基调，柔化了由黑色机械的中心装饰物带来的过于生硬、冰冷的印象，配上暗红色的餐椅、浅杏色的桌旗和餐巾布，以及明亮简洁的骨瓷餐具，使整个主题的色彩搭配层次鲜明。中心装饰物是做旧的老式放映机、相机、摩天轮等摆件，菜单则带着立体的飞机造型，这些都是20世纪初最时尚、最具标志性的物件。最后配以少量的白色玫瑰花作为点缀，进一步暖化了主题形象。整个台面设计给顾客以优雅、复古、恬静的感觉。

侍酒师的餐酒搭配得宜是本次宴会的另一个亮点。侍酒师用科拉奇酒庄的莎当妮这款干型葡萄酒作为餐前酒，这款酒有着柑橘类水果的香气，品尝起来很清爽，冰镇后再饮用无疑是开胃的首选。本次宴会的餐中酒是一款来自法国勃艮第产区的葡萄酒——路易亚都世家黑皮诺。该酒单宁柔和、酒体醇厚、黑加仑和樱桃的风味跃然在鲜亮的酒中，丰富的果酸能够很好地平衡羊排的油脂。

【主题创意台面点评】"老时光"主题旨在希望宾客能够沉浸在宴会场景中缅怀过去、回味旧时记忆。深咖色的格子台布瞬间将我们引入 20 世纪的回忆中，应景应情；米白色椅套、浅卡其色餐巾与主色调和谐一致、增添台面层次感；中心装饰物由表现老时光的各种独立摆件构成，底部巧妙地采用了同色系浅色底衬，避免了造景的拼凑感，植物的点缀更给主题增添了一丝悠闲、惬意。总之，整个台面设计能够给顾客以英式的优雅、复古、恬静之感，且市场适应性较广。

【作者】广州工程技术职业学院　黄晓阳（选手），郭娜（指导教师）

任务三　对服务的评判

一、服务人员仪容仪态

仪表是每一个人外在的表现，餐饮服务人员不分男女，必须注意端正的仪表，给顾客留下良好的印象。经常保持笑容，接待顾客时，即使遇有不愉快的事，也不要把低落的情绪表现在脸上。对顾客应忠诚服务，不论其身份高低，不问贫富贵贱，均应一视同仁，更不得批评顾客的容貌、服装、举动和性情习惯。工作时间内，视线应随时注意顾客的动态，以便随唤随到，亲切服务。工作太忙时各服务人员应相互配合，彼此合作，即使不是由你负责服务的顾客，也应为他服务。餐厅人员在迎宾时经常热情殷勤，但是顾客餐毕离席时却疏于送客，因此服务顾客必须做到有始有终，给顾客留下完整的美好印象，顾客的称心满意，是餐厅最好的宣传，因此正确的服务礼仪是每一位餐饮服务人员应该具备的基本知识。在此将一般的基本礼仪该注意的项目陈列如下。

（一）站姿

1. 等待站姿

脚部：体重应置于足的前部，以便可以轻松地抬起脚后跟部位。女性成丁字步，男性双脚打开与肩同宽。

臀部：臀骨的部位应往前倾，并收缩臀部的肌肉，使臀部看起来比较结实。

腹部：应收缩腹部肌肉，不可突出。

腰部：保持腰部的挺直，才能显得有精神。正确的挺直腰部姿势，可借深吸一口气，保持肋骨上升的姿态来体会。

胸部：胸宜挺，但不要过度或勉强使胸部高挺。

肩膀：两肩应放松并稍稍往后，勿紧张耸起，两肩宜平衡，勿一高一低。

手部：两手交握在前，由肩至臂，自然下垂，膝部放松。

脖子：脖子应伸直，使与身体形成一条好看的线条，而非往前伸或缩起来。

下巴：下巴应与地面成并行线，不要将头抬得太高或低头看地。

头部：头应抬若悬，勿往前伸或往下垂。

脸部：脸部肌肉自然放松，保持微笑，两眼平视，随四周情况自然转动。

2. 服务站姿

脚跟靠拢，脚尖不可过度撇向外侧。

颈轻向后收，眼光平视望向前，挺直腰脊。

两手由肩至臂，自然下垂，膝部放松。

保持面对顾客的服务方向，要移动或后转时，先移动足部再转身。

站立休息时，女性服务员宜两脚交叉并拢站立，用一只脚作为支点，另一只脚交叉在后方。

（二）坐姿

保持身体上半身的垂直，弯曲膝盖，背部与椅背平行，缓慢安静坐下。

落座时分为两段，先坐在椅子前端，坐下后两手支撑椅子两边，腰稍为提起，再决定坐的位置。

最适当的位置是两脚着地，膝盖成直角。不可坐得太深，以免反应不够灵活。

落座时避免发生声响。

肩部放松，自然下垂，两手交握在膝上。女性服务员宜两脚并拢，稍向斜后方收。

欲站起时，可用双手协助，将身体往前移至椅子边缘，利用腿部力量，保持背部垂直站起。

图5-8　男服务员站姿　　　图5-9　女服务员站姿

（三）走姿

1. 正确走姿

要用腰力，显得有精神。

抬头挺胸，迈步向前。

女性穿裙子，走路时，双腿应靠近同一直线。

肩部放松，手臂自然垂下，手掌与腿后平行，走路时手臂轻摆。

走路速度以不快不慢为原则，切勿慌张、奔跑。

2. 服务引导出入

引导顾客，要配合顾客的脚步。

引导顾客，走在离顾客前方一两步，大约45度的位置。

引导当中，随时提醒顾客，转角后应移位转向，面对顾客稍停再迈步。

上楼梯时若女性服务人员穿裙子，则宜走在顾客之后，让顾客先上，否则不雅，下楼梯则可先下。与顾客距离维持一至二阶。

推门时，稍为等待后面的顾客，然后推门，才可鱼贯进入。

等电梯时，不要站在电梯门口正对面，以免妨碍他人。

入电梯后，靠边站，让顾客往里走，并稍为等待确定没有人进入后再关门。

在电梯中遇见顾客或熟人，以点头招呼为礼，但不可高声谈话。

引导途中，若遇用餐顾客离开，应侧让或退避，避免碰撞，然后再进入。

二、服务人员基本礼仪

（一）正式行礼及介绍

（1）头自然下垂，腰弯成30度，行鞠躬或握手礼并先自我介绍。
（2）对方若为女性，除非对方伸手，不可主动握手。
（3）名片需用双手接取，读出对方公司名称及姓名再问其来意。
（4）遇名片上不认识的字，应将名片放在左手掌心中，右手扶着名片，礼貌询问。
（5）介绍礼仪之先后次序：
①女性优先介绍。
②辈分高者先介绍，其次介绍辈分低者。
③职位有高低者（年龄无多大差异），先介绍职位高者。
④将顾客介绍给上司时，应先介绍上司。

（二）握手礼

（1）行握手礼时，应保持端正的姿势，适当的距离与和蔼可亲的态度。
（2）握手时，过轻或过重，过分的谦卑和随便都不礼貌，应注意避免。
（3）如果对方是上级、长辈或女性必须等对方伸手后才可握手，尤其对初次见面的女生，不可先伸手要求握手。
（4）女性与长辈都可以戴着手套行握手礼，但自己与女生或长辈握手时，却必须先取下手套，表示尊敬。
（5）在集会、酒会或其他人多的场合，握手时，通常先从男女主人开始，再按照女性、上级、长辈的顺序，依次握手。

（三）电话礼仪

（1）打电话前，必须计划什么是谈话主题、重点及问题。
（2）准备纸、笔。
（3）拨通电话后，应先报公司名号、单位（部门）或姓名。
（4）交谈时以简单、清楚、明白为原则。
（5）语调不急不缓，力求柔和。
（6）交谈中对方发话时仔细倾听，不中途打岔、插嘴。

（7）若有不清楚处或重点部分应用笔记录下来。
（8）为避免误解，在结束谈话前重述结论。
（9）确定对方说完话后才可挂断电话。

接电话的一般原则：

①振铃响两声（依公司规定）前接起电话。
②报出公司名号、部门/单位及问候语。
③请问对方姓氏。
④以亲切友善之口吻，称呼顾客姓氏。
⑤耐心地倾听，不打岔或插嘴。
⑥受话人有事、不在或不能听电话时应自动提供服务或帮助。
⑦随时准备纸笔。
⑧使用"谢谢、对不起、请"等礼貌字眼。
⑨谈话结束时，听到对方挂断电话后，才挂断。
⑩离开办公桌时，须留下话语交代去处或请邻近同事代为接听。
⑪顾客留话，记载来电时间、回话号码、交代事项等，放置受话人桌面或显著地方，必要时加以提醒。

任务四　对菜单的评判

一、菜单设计要求

菜单是餐厅为用餐顾客提供的餐饮商品服务的沟通桥梁。

宴会中，为了让客人知晓所食用的菜品，应放置一份菜单在餐台上，因此宴会的菜单需要特别设计，使菜单不单只是菜品的介绍，还起到反映不同宴会的情调和特色，装点台面的作用，因此宴会厅的服务人员必须根据宴会的主题精心设计菜单的装帧及陈列方法，具体设计的内容和方法如下。

（一）菜点设计

菜点设计是菜单设计的核心，要充分结合宴会性质、宴会档次接待标准、宴会接待对象、宾客或当地的饮食习惯等各方面因素进行考虑，具体如下：

（1）充分了解客人。设计菜单前一定要了解宴会的目的、宴请人员的对象、国籍、宗教信仰、饮食习惯和禁忌等。

（2）菜品合理搭配。结合宴会的接待标准考虑菜品的选择，一方面要注意冷盘、主菜、点心和水果的搭配；其次需注意菜单原料、调料、烹调方法和形态、颜色的合理搭配，使整桌宴会菜品丰富多彩，口味各异，烹调方法各异；

（3）需注意菜点之间营养成分合理搭配，达到平衡膳食的要求。

（二）菜名设计

根据宴会的主题赋予简单的菜点附有寓意的全新的名字，是宴会餐台菜单设计的重要方法。宴会菜名的设计，必须根据宴会的性质、主题、采用寓意性的命名方法，使其主题鲜明，寓意深刻，富有诗意，并能表达宴会主办者的情感。

（三）菜单装帧设计

菜单装帧主要体现在制作菜单的材料、形状、大小、色彩、印刷和字体等方面，总体应体现别致、新颖与餐桌主题格调相搭配的原则。在字体的大小印刷上以适宜宾客阅读为根据；在字体的选择上，若是正规的宴会菜单，应选用端庄的字体；同时还要有一定的美术美感、新颖别致才能吸引客人的注意，起到突出主题，装点桌面的作用。

本次竞赛的菜单设计仍要求参赛者在一定的时间内制作出一份法式传统的经典宴会套餐菜单；此菜单设计除了要具有易读易懂的基本要件外，尚需具备艺术性与实用性。分别简述如下：

1. 艺术性

（1）封面纸张的颜色选择，要与台布的颜色搭配得宜。

（2）内页纸张的颜色选择，要与封面的颜色搭配得宜。

（3）内页书写酒水与菜品的字体应用要美观、工整、清晰。

（4）内页纸张上下左右需要留边得宜，中间折痕处不能写字。

（5）内页纸张的剪裁需工整，尺寸大小要与封面页搭配得宜。

2. 实用性

（1）宴会主题的名称、举办的日期、时间与地点要出现在封面（或封一或者内页）。

（2）内页2为餐中酒页面，内页3为菜品页。酒水与菜品需搭配得宜。

（3）内页2的葡萄酒书写不但要含有年份、名称、地区、国家等信息，而且能够正确显示出酒食搭配的合宜性。

（4）内页3菜品需正确排序，必须注意与餐具正确搭配。

（5）内页纸张要有套餐单价与成本，且需置放在容易看到的内页纸张内。

二、西式宴会菜单设计案例分析

案例一　"无价格"的菜单设计

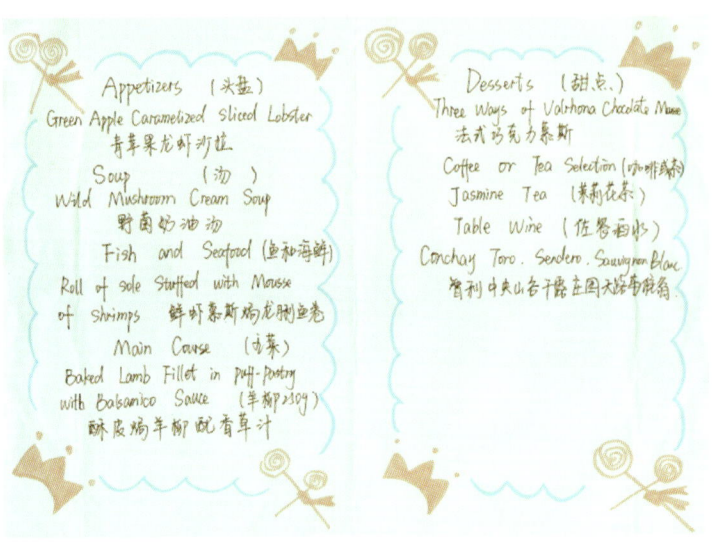

单从价格角度看，上图第一张菜单的套餐价格与单菜价格完全没有体现，与之相比，第二张菜单单价标注清楚，但却缺少套餐总价。而西式菜单设计中套餐总价格和成本二者缺一不可。

案例二 "规范"菜单设计

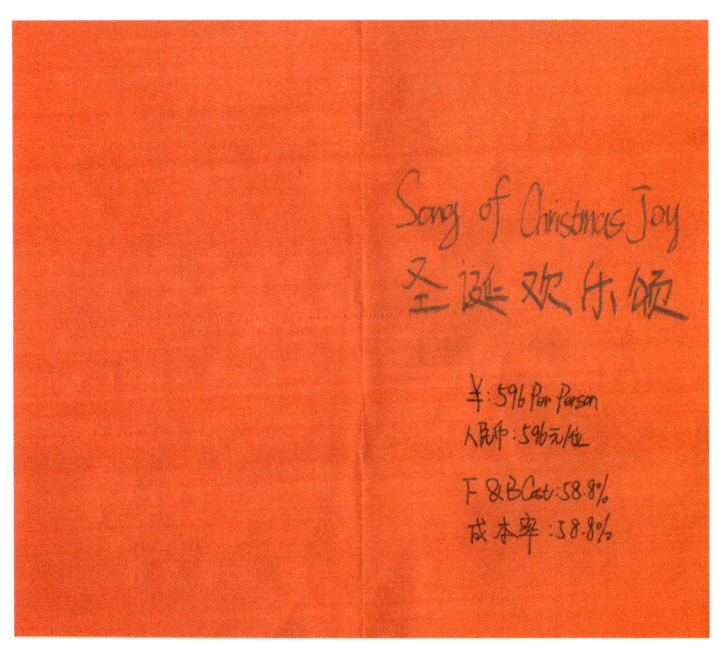

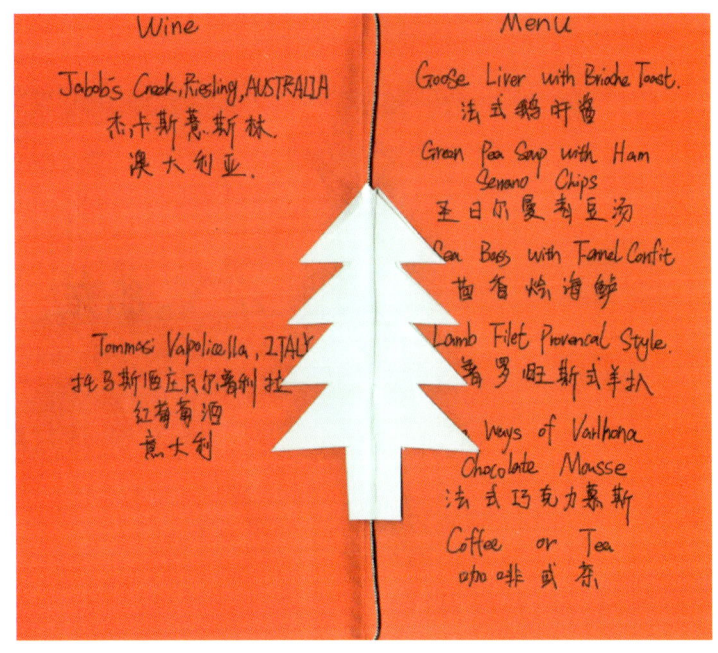

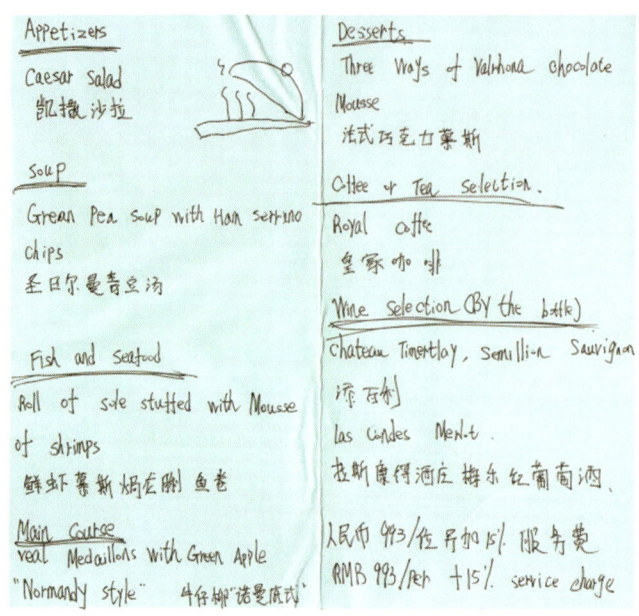

菜单用于客人点餐，要毫无掩饰地呈现在客人面前，字体的规范性、美观性会影响客人的用餐心情及对餐厅的整体评价。给出的第一份菜单，虽不尽完美，但却字迹工整，表现了制作者对工作的认真，对客人的尊重；第二份菜单字迹潦草，英文字母在大小写书写上缺乏规范性。

案例三　菜单酒水设计

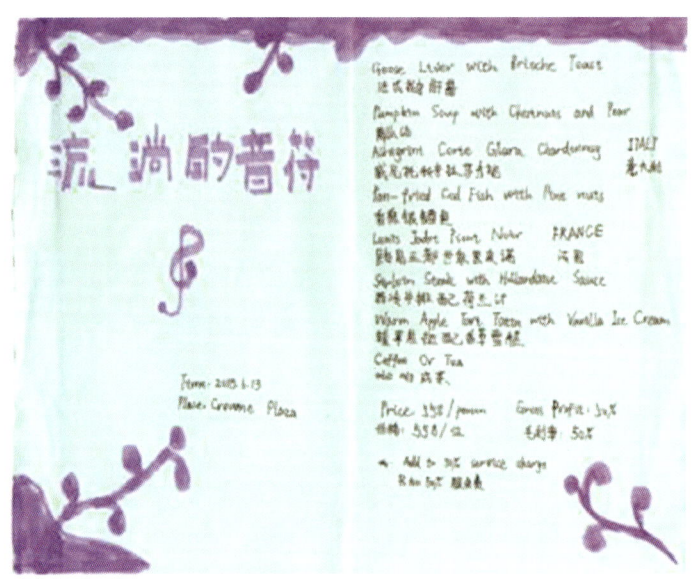

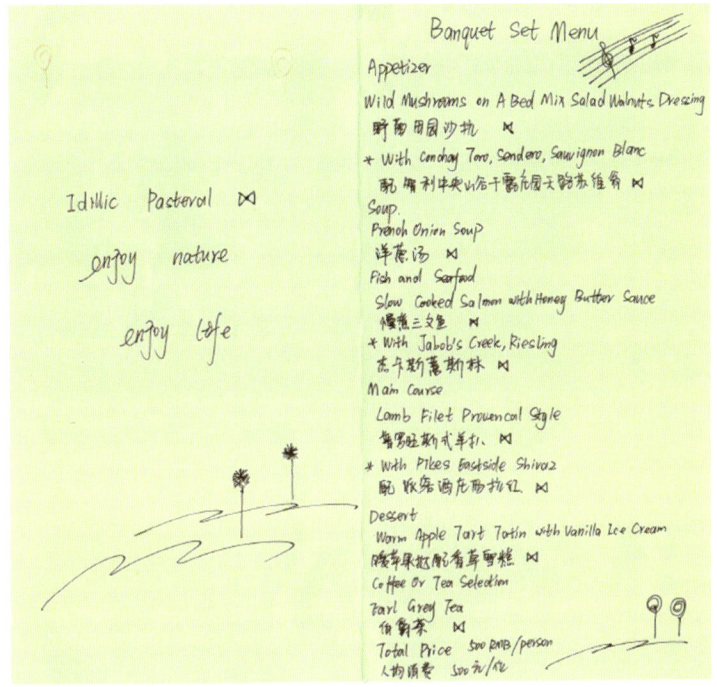

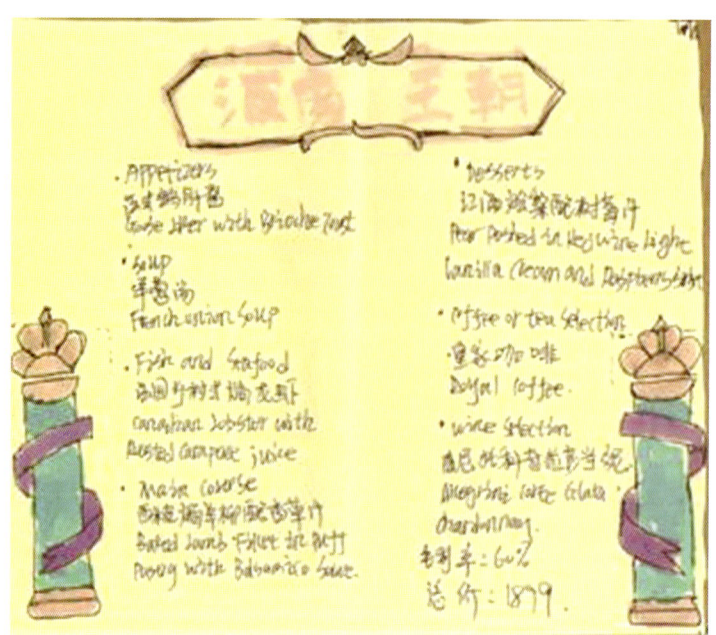

　　酒水是西餐中不可或缺的佐餐之物，更是体现西餐优雅、高贵的因素，因此，西式宴会菜单设计中不可缺少酒水。案例所给的4个菜单，整体看来，版面设计具有创意，但菜单条目中或完全没有酒水或只有咖啡，这不符合西式宴会用餐的实际需求。

项目六

2016年大赛主题台面集锦

特别说明

1. 为了让各参赛队对2016年主题台面有一个全面的了解，现将本次大赛的部分主题台面和创意收录如下，供大家参考、分析和欣赏。

2. 本集锦因种种原因，没有标注参赛队、选手、指导老师等信息，敬请见谅。

3. 本集锦没有标注台面获奖信息，主要因为参赛选手的成绩还包括英语解说和调酒等内容，获奖成绩与台面评判无法一一对应。

一、假面舞会

【主题创意说明】

（一）宴会设计背景

此次宴会我以"假面舞会"为主题。在西方国家，每年的10月31日为"万圣之夜"。万圣节是西方国家的传统节日，也就叫作鬼节，也就是以实物祭拜祖灵及善灵以祈平安度过严冬，是西方传统的节日。万圣节期间，每家都会布置上诸如鬼怪、南瓜灯以及巫婆的扫帚之类的装饰；孩子们也会穿上不一样的万圣节服装，挨家挨户地讨糖，万圣节就如新年一样，当然也会用跳舞来庆祝，在西方最多见的也是舞会，万圣之夜，尽情狂欢，聚集各地精英，戴上面具，遮住样貌，隐藏羞涩，更带来了一丝神秘之感，让人去感受、去享受此次假面舞会。

（二）宴会台面设计理念

"TRICK OR TREAT"，每听到这句话，便知道万圣节已经到来了，大家会怎么庆祝呢？回旋的舞步，激扬出青春的活力，在这个灯光漫布的空间中，有绅士的光顾，有精灵的降临，有魔鬼的气息，有天使的吻痕。欢迎参加此次假面舞会！

首先，台布我选择的是深蓝色，深邃的蓝色，带着闪烁的亮光，神秘，又让人充满好奇。其次，展示盘上，我选择以面具装饰，可以让每一位客人在享受美食过后，拿起眼前的面具，隐藏起自己原有的性情，去跳舞、去尽情狂欢、去释放激情。最后装饰物我选择的是最具节日氛围的南瓜灯，给人一种青春、时尚让人活力四射的感觉，加上具有神秘感的烛台，像是囚禁魔鬼的牢笼，在这一晚，挣脱出牢笼发出耀眼的光艺。

带上你的热情与温暖，赶走冷漠与高傲，听音乐响起，让我们舞动起来吧！

二、致匠心

【主题创意说明】

"匠心"指的是匠人们对自己产品精雕细琢、追求完美的精神理念。瑞士表匠凝神专一，对每一个零件、每一道工序、每一块手表的精心打磨和雕琢，成就了瑞士手表的经典，是"工匠精神"的最好诠释。本设计运用了大量瑞士手表工艺，作为代表工匠的元素，意在向"精益求精、追求卓越"的传统工匠精神致敬。

深褐色的桌布像传统工匠厚重的木质工作台，默默地伴随着工匠们度过无数个日夜，雕琢细节，打造卓越产品。口布和桌旗展示了瑞士手表复杂精致的机械原件，让人们直观地感受到制表工艺的复杂和精细。中心装饰物是一座精致的成品钟表，似乎诉说着表匠在打造每个机械钟表时需要倾注无限的耐心和专注。传统欧式烛台的烛光照亮了桌面，象征"工匠精神"将薪火相传，永不过时。这个设计是我们对传统匠人执着、敬业的致敬，也是我们在呼唤久违的工匠精神回归。

手工制作的菜单，色调和图案贴合主题，菜肴选择传统的西餐搭配。"致匠心"的主题专为企业家聚会打造。诚然，不是所有的工匠都会成为企业家，但每个伟大企业家一定会坚守一份"工匠精神"。希望以此主题激励企业家,不忘初心,继承与发扬工匠精神,铸造优质产品,打造优质企业。

三、奥运风

【主题创意说明】

创意灵感来源于即将在巴西里约热内卢举办的第 31 届"奥运会"。"奥运会"是国际奥林匹克委员会主办的世界规模最大的综合性运动会,是各个国家用运动交流各国文化,以及切磋体育技能,其目的是为了鼓励人民的运动精神。

奥运会是世界一大盛事,"奥运风"以里约热内卢的奥运会作为背景,构思巧妙,设计新颖。这次主题造型清雅简约、意蕴丰富。整个宴会的设计元素以衬托奥运旅游为主,中心展示物是木届奥运会的会徽以及吉祥物 Tom 的组合,并以里约热内卢的标志耶稣张开双臂欢迎来自世界各地的游客,体现巴西人民热情接纳和宽阔胸怀的特征,同时,突出里约热内卢热带海滨城市的风光。选用绿色的台布和黄色的桌旗,是因为这两种颜色是巴西的国色,绿色象征该国广阔的丛林,黄色代表丰富的矿藏和资源。在用餐过程中,让宾客可以感受到一种欢快、积极向上的氛围,让人们对里约热内卢的热带海滨风光和即将到来的奥运会充满了期待与向往,对奥林匹克精神的发扬与传承;

"奥运会"最重要的不是胜利,而是参与;正如在生活中最重要的事情不是成功,而是奋斗;但最本质的事情并不是征服,而是奋力拼搏。

"奥运风"整个台面设计紧凑、清新、自然,寓情于景、情景相融,静谧中充满生机与活力。整体摆台以清新素雅的色调,向宾客传递着双重文化寓意:一是奥运会精

神鼓励人们在自己的生活和工作中不甘于平庸，要朝气蓬勃，永远进取，超越自我，将自己的潜能发挥到极致；二是在忙碌的工作生活中要注意休闲和放松，注意身体的健康。

宴会整体表达了运动与休闲之和谐，我希望通过奥运文化和美丽的热带海滨风景，引导大家追求健康生活和绿色饮食，实现我们的精神文明建设！

四、仲夏夜之梦

【主题创意说明】

主题设计灵感来自莎士比亚经典戏剧《仲夏夜之梦》，《仲夏夜之梦》是莎剧中最受欢迎的喜剧之一，用希腊神话为剧情，借仲夏夜之"梦"来寓意，梦醒后，恋情圆满成双，好友重修旧好，死罪撤销；整个场景由夏夜森林、森林精灵、精灵魔法、好事多磨的两对恋人，或是仙后和驴头乡巴佬的滑稽邂逅来展现，营造了一种盛夏之夜的曼妙宁静、温馨和谐、暗香涌动、萤火纷飞的意境。蓝灰色的桌布，象征着仲夏夜深邃的夜空；白色的餐具，意蕴这夏夜皎洁的月夜。银白色的桌旗，恍若夏夜中倾洒在大地上的月光；餐桌中央摆放的城堡式花瓶，恍若回到莎士比亚时代，城堡下的少女群像，似夏夜难眠的怀春少女，她们一些正在用琴声倾诉心事；一些正在花丛中流连忘返，与其私语、盛开的粉红色玫瑰，默默地向着夜空吐着芬芳。天使似精灵般在少女们梦中飞舞，忙碌着在梦中为她们寻觅意中人。整台设计表达了主人用浪漫的、诗意的莎士比亚戏剧元素来迎合富有西方文化底蕴、渴望在西方怀旧气息弥漫的环境中就餐的中高端客人的需求，充分体现了西方文化与西餐餐桌文化的有机结合，使客人能在优雅、浪漫、怀旧的氛围中惬意地就餐。

五、摩登时代

【主题创意说明】

围绕电影《摩登时代》这个主题,台面整体设计以黑白为主。黑色的台布和白色的口布,与电影的色调保持一致。为了避免颜色过于单调,选择用红色的蜡烛和椅子装饰带作为点缀。

中心装饰物老式电影放映机,仿佛正在放映着这部经典的电影作品。电影中,身为普通工人的查理穿着工作服,成天挣扎在生产流水线上,他一遍又一遍地重复着用扳手扭紧六角螺帽的动作。

铁艺怀旧齿轮烛台,就像电影工厂里一刻都不停止运转的工业化生产机器。人们每天面对的只有机器,耳中能听到的只有机器运转的声音。

点燃的烛光象征着希望,代表着查理虽遭受百般折磨,但仍然勇敢面对人生。

复古的餐具和酒具仿佛把我们带回到电影中20世纪30年代的美国。

主人位的口布花是卓别林从来都不舍得离手的拐杖,副主人位的口布花是卓别林的大头皮鞋,其余四位的口布花是印着长胡子、戴着领结的卓别林经典形象的人物传记。

装扮成卓别林的服务生为客人提供服务,不仅重现了电影中查理在餐厅做服务员的经典桥段,而且仿佛也让客人见到现代版的卓别林。

菜单中的菜肴并不高档,但是足够丰盛,不仅代表着电影中历经百般磨难的查理已经安然无恙地度过了那个"摩登时代",而且也代表着今天到此就餐的人已经过上了富足的生活。

此次宴会主题设计规格与餐桌比例恰当，即餐位、餐具间距规范，整体具有一定的界域，主题装饰物高度为30厘米，既美观又不影响就餐客人之间的交流。

六、玫瑰人生

【主题创意说明】

本宴会的主题是"玫瑰人生"，创意源于玫瑰的美丽传说。在古希腊神话中，爱神阿佛洛狄特为了寻找他的情人阿多尼斯，奔跑在玫瑰花丛中，玫瑰刺破她的手，鲜血滴在玫瑰花瓣上，白玫瑰变成了红玫瑰，因此红玫瑰变成了坚贞爱情的象征。而今的玫瑰已演化成世界的爱情与幸福的符号。

玫瑰人生婚宴餐台以高贵的伯爵玫瑰为主要设计元素，以芬芳诉说一种放之全世界皆知的语言，以纯粹传递一种温暖而幸福的力量。生命中总有一刻，让你感觉无比幸福与灿烂，那一刻抑或温馨，抑或动情，抑或深刻，那一刻的动容就如玫瑰人生的纵情绽放。

中心艺术品采用紫红色伯爵玫瑰，其迷人的芬芳、艳丽的色彩，交织的花瓣镶嵌在造型独特的花台之中；钻戒饰品在光线中跃动，就像花蕊中晶莹的露珠，熠熠生辉；专门选用的金色伯爵玫瑰花摆件点缀其中，与"Lavieen Rose"主题名称相呼应。整个花台映衬在亚克力镜面地板之上，层次鲜明、盈动精致、尊贵优雅。他带来的不仅仅是心之跃动，爱情盛放的姿态与浪漫的情感，更是叙述与表现了向"世人传递爱与幸福"的伯爵玫瑰精神。

台面整体以深灰、白、金为主色调，选用高贵优雅的深灰色装饰台布，与主题构架物有异曲同工的泛金黑色花纹装饰盘，Pama品牌不锈钢餐具，意大利钻石造型的"RCR"水晶杯与中心艺术品完美组合，更增添专业、大气的质感。餐巾花用纯净自然的白色口布与金色巾扣组合，"叶叶相依"造型，意喻相依相伴，相知相守，主位加以伯爵玫瑰花型饰物点缀，凸显其浪漫与尊贵；隽有玫瑰花的深灰色椅饰、香槟色雕花烛台等与主题遥相呼应，寓意爱情的纯粹、甜蜜与永恒，使整个宴会透出定制感和奢华感。

本台专为婚宴设计，整个台面传递出爱与幸福的信息，凸显了西式婚宴的优雅、浪漫格调以及客人的高调品位与价值感。中心艺术品点题明晰，取材环保却不失西餐宴会的美观与华贵。台面整体构架安全、透视感强，规格比例恰当，不影响客人就餐，操作安全系数高，摆台快捷。"一花一世界，一花一人生"，本主题适用于西方和中国婚庆宴会市场，适应现代酒店实际，具有较强的实用性和较好的推广价值。

"玫瑰人生"——浪漫一生，幸福一生！

"玫瑰人生"——专属定制，绽放光华！

七、德尔谢洛牧场

【主题创意说明】

德尔谢洛牧场，又名"天堂牧场"。美国前总统里根在任加州州长时将其买下，入主白宫后，经常到那里度假。如今在牧场的所有权归"年轻一代美国人基金会"所有。牧场位于天堂湾边的山上。壮观的海洋景色、美丽的花园和橄榄园、加州橡树、乡村小路和老别墅构成了一幅天堂般的美景。走进牧场就好像回到了简单而平静的老加利福尼亚。

"德尔谢洛牧场"以浅黄色为台布色调,给人清爽素雅的感觉,反映出一种质朴而实用的生活态度。白色的餐盘上放着的淡黄色的口布,营造出自然、简朴、高雅的气氛。葡萄藤烛台也恰到好处地展现了田园风格。

晶莹剔透的高脚杯中倒入香醇的美酒,伴随着优美的音乐,营造出悠闲、舒畅、自然的田园生活情趣,能在很大程度上让人放松心情,舒缓压力。

田园风格顾名思义,当然是因花色相间的意境而出现的。色调上呈现出了一种轻快明丽的风格特征,中间装饰物是一只可爱的小松鼠和站在树桩上的三只小白兔。松鼠、兔子、情人草和树桩的人组合成的装饰物,好像带来了清新的田园气息。总之,本西餐主题思想为人与自然和谐相处,本主题宴会特别适合家庭聚餐、儿时朋友聚会,以及想从繁忙的世界中回归自然的人们,而且本宴会的价格控制在大众消费水平。

八、音乐人生

【主题创意说明】

(一)主题亮点

考虑到宴请的宾客对菜肴的口感、形态、用餐方式的讲究和其尊贵的身份及主人的敬意,所以选用香槟色为主色调,珐琅烛台、迈克尔·杰克逊的人偶与音符构成的主题装饰物,音符口布圈等与音乐人生的主题相呼应。力求突出宴会的高端大气及主人的用心。

(二)主题要素

香槟色为主色调,代表了主人对细节的要求和整体氛围的把握,更与格莱美奖金色相呼应,营造出主人对格莱美终身成就奖及以前荣获的很多格莱美奖的致谢,及对优秀音乐人、优质音乐的致敬。

宴会餐具的使用,均围绕"音乐人生"这一主题展开,主打白色的装饰盘,更使踏实做事、用心做音乐的"音乐人生"这一主题得到更好的诠释。

(三) 宴会背景

宴会以音乐人生为背景,虚拟了音乐界的巨人迈克尔·杰克逊邀请五位嘉宾来参加他获得格莱美终身成就奖的宴会的场景。本次宴会既通过虚构的方式展现迈克尔·杰克逊能生前看到他自己获得如此荣誉,也通过想象的方式来表达音乐无国界的思想。

(四) 主题文化

格莱美奖是全世界含金量最高的音乐类奖项之一,获得格莱美终身成就奖的人更是屈指可数。在迈克尔·杰克逊去世后的一年,他获得了此殊荣。一方面我们为他惋惜,另一方面又为他在英语、慈善等方面的成就得到肯定而感到欣慰。每次格莱美奖后都会有宴会来庆祝,本宴会设计虚拟迈克尔·杰克逊邀请五位好友来庆祝自己的得奖,也是一次真正的音乐人致敬音乐的宴会。

九、老时光

【主题创意说明】

"老时光"是一家以怀旧为风格的主题西餐厅为友人聚会设计的宴席。它根据餐厅的特点,摒弃以往西餐宴会华丽精致的风格,以20世纪初的英国伦敦郊区为时代背景,重现"低调、优雅而又诙谐"的旧时乡村英伦风情。

让我们幻想一下场景：当几个老朋友坐在一起，在这样一个怀旧而又优雅的餐桌上，品着爱尔兰咖啡共同回忆当年酸甜苦辣的记忆，谈笑风生，那是多么惬意的一件事情！

我们以暖咖啡色、亚麻质地的格子布为主旋律，给整个主题奠定了温暖、休闲、怀旧的基调，柔化了由黑色机械的中心装饰物带来的过于生硬、冰冷的形象，配以暗红色的餐椅、浅杏色的桌旗和餐巾布，以及明亮简洁的骨瓷餐具，使整个主题的色彩搭配层次鲜明。中心装饰物是做旧的老式放映机、相机、摩天轮等摆件，菜单则带着立体的飞机模型，这些都是20世纪初最时尚、最具有代表性的事物。最后配以少量的白色玫瑰花作为点缀，进一步暖化了主题的形象。

本席宴会的另一亮点就是侍酒师的餐酒搭配得宜。侍酒师首先选择科奇拉酒庄的莎当妮这款干型葡萄酒作为餐前酒，它有着柑橘类水果的香气，品尝起来很清爽，冰镇后再饮用无疑是开胃的首选。餐中酒是一款来自法国勃艮第产区的葡萄酒——路易亚都世家黑皮诺，其单宁柔和，酒体醇厚，黑加仑和樱桃的风味跃然在鲜亮的酒中，丰富的果酸能够很好地平衡羊排的油脂，使两者相得益彰。根据消费定位、成本核算和利润的计算，宴席的售价为589元每位，毛利率为56%。

以上就是我为大家带来的"老时光"西餐主题宴会设计，请各位评委多指导！

十、尊享宾利

【主题创意说明】

（一）背景介绍

宴会主题取材于宾利汽车——世界上最为豪华和昂贵的汽车品牌之一。

2012年12月，英国顶级豪华轿车品牌宾利正式入驻我市，揭开了宾利在此发展的序幕。作为长三角经济圈的重要城市，这里拥有得天独厚的地理优势，另外，近年来随着当地居民消费档次的不断提升，这里已然成为宾利销售最具潜力的城市之一，发展潜力无可限量。

（二）目标人群和台面设计

本次宴会就是为宾利车主量身定制的一次精彩别致的答谢宴。受邀参加的宾利车主，都是这座城市的精英人士。在这次晚宴上，宾利车主不但可以评鉴美食、美酒与豪车，还能分享用车心得，最重要的是该晚宴能为宾利车主们提供一个精准高品质的社交场地和交流平台，有利于人脉的积累和拓展。

装饰台面选择的是灰白搭配，体现出答谢晚宴的特殊氛围。与此同时，雅致的白色骨瓷餐盘、精美的银质刀叉、通透的水晶杯以及别致简洁的盘花造型也能衬托出商务答谢宴的氛围。台面的中心艺术品采用简约的玫瑰插花花艺，象征友谊珍贵，合作至诚，奢华富贵的美好寓意。以上无疑是一个地道的商务答谢宴，其台面设计和色彩搭配颇为完美。

十一、哈雷之夜

【主题创意说明】

（一）宴会背景

经典由流行开始，在时光里沉淀进而被铭记。作为摩托车知名品牌，哈雷·戴维森穿过一个多世纪，经历了世界的战争与和平、经济的繁荣与衰退、市场的变幻与稳定，却没有放慢发展的脚步。

宴会背景是一家五星级酒店承办的哈雷摩托车友聚会。

（二）设计思路

这是一个关于哈雷摩托车的台面，是一个关于自由与美好的台面，以重金属的黑色为基调，搭配哈雷标识的元素，使整个台面显得非常具有张力；摩托车有关经典的故事；洁白的餐具，红色的蜡烛，让台面变得有张有弛，增加了台面的层次感。

来此用餐的人观此台面或涌起无限遐想，或追忆青春时光，或突破自我体验新的生活。而这一切都因为哈雷的召唤，因为每个人都渴望真切地触摸大自然的灵魂，渴望追逐远方。

十二、蓝色多瑙河

【主题创意说明】

本次宴会主题来源于著名乐曲《蓝色多瑙河》，该曲创作于 1866 年，被称为"奥地利的第二国歌"。1866 年，奥地利在普奥战争中惨败，帝国首都维也纳的民众陷于极度低沉的情绪之中。为了使人们重新振作，奥地利著名的作曲家——小约翰·施特劳斯创作了这首充满生命活力和爱国热情的乐曲。此曲象征了维也纳的生命活力也代表了对和平来临的期盼。《蓝色多瑙河》旋律优美动听，节奏明快而富于弹性，体现出华丽优雅的格调，又不失欢快愉悦，让人充满希望。在此乐曲的启发下完成了这款以象征生命活力，倡导和平安康为主旨的西餐宴会摆台设计。

整个台面设计以桌布和口布的蓝色为主色调，沉稳内敛。寓意美丽的蓝色多瑙河，他博大而永恒，同时蓝色又象征着理智与祥和。桌旗和口布上的白色与蓝色形成鲜明对比，寓意多瑙河川流不息，浪花跳动，让台面充满灵动和活力。白色象征纯洁与和平。简洁的餐具、银制的刀叉诉说着无数感人的悲欢离合和帝国的荣辱兴衰，时刻警醒着人们热爱和平、勿忘战争的痛苦。椅套图案、餐巾扣都以乐符为图案，让人就如置身于悠扬的《蓝色多瑙河》之中。中心装饰物为乐符和提琴组合，象征着其是全世界人民喜爱的乐曲，寓意对和平和生命的尊重。这些元素都与主题高度呼应。置于其上的鲜花为整个台面增加了生机和跳跃感，寓意生命活力。

整个台面设计庄重优雅，表达了对和平的热爱和对生命的尊重。此台面设计既适用于对外接待宴会，也适用于高档的商务宴会。

十三、美人鱼

【主题创意说明】

儿时的"美人鱼"童话故事不仅让我们记住了那位为爱执着、拥有一颗纯洁善良之心的人鱼公主，而且也让我们对蔚蓝色的大海有了许多遐想和期待。然而，随着人类社会的发展，我们开始了一次次对海洋资源的摄取，对海洋生物的猎杀，对海洋环境的污染……这一切已将美人鱼赖以生存的家园严重地破坏了。

本次宴会主题设计灵感来源于周星驰导演的电影《美人鱼》,"如果你有再多的钱,但是地球没有一滴干净的水,钱又有什么用",受此启发设计了这款以"美人鱼"为核心,以"人与自然和谐共处"为主题的旨在呼吁人们觉醒起来,保护海洋动物,维护海洋生态平衡的西餐宴会摆台。

"美人鱼"主题设计采用蓝色和白色为主色调:蓝色的台布犹如浩瀚的蔚蓝大海,白色的口布好似大海中激起的千层浪花,精致的餐盘象征着皎皎明月,清新的蓝和纯洁的白交相辉映,极目远眺,似乎我们亲临了"春江潮水连海平,海上明月共潮生"的唯美佳境。

主题的中心饰物是美人鱼,她在浪花的簇拥下浮出海面,似乎在聆听、似乎在寻找、似乎在等待,烛台采用古铜色搭配玻璃马赛克的鱼造型,表达了由于海洋环境的破坏,身躯斑驳的鱼儿跃出海面,如歌如泣地向美人鱼倾诉着海洋资源枯竭的苍凉和海洋环境污染的悲歌。侍者如同觉醒的王子,带着神圣的使命来拯救我们的环境,他与人鱼牵手还地球一个和平共处的家园。椅背上带有浪花波纹的蓝绸带,体现着保护海洋环境的寓意——感恩、鼓励、关怀和爱;贝壳、海星、海蟹状等餐巾扣静静地伏在犹如浪花的餐巾上,告诉了人们只有在和谐的环境中,它们的生活才会惬意与和谐。

十四、Halloween

【主题创意说明】

（一）餐台设计主题说明

在生活步调紧凑繁忙的如今社会，经常有人说，心好累！对于职场的年轻人来说，生活就像船，必须要有些东西去压船，才能航行；但是一定要张弛有度，注意控制和释放压力，莫让它压垮我们，这样才能行得久，行得好，行得远。所以学会在适当的时候释放压力很重要。

每年的10月31日是Halloween。这是夏天正式结束的日子，是新年伊始，严酷的冬季开始的一天。这是人们纪念亡灵的时候，各种妖魔鬼怪、海盗、外星来客和巫婆们纷纷出动。古代凯尔特民族（Celtic）在这一时刻为感激上苍和太阳的恩惠，人们会制作杰克灯挂在门前来驱赶恶魔，每当万圣夜到来，孩子们都会迫不及待地穿上五颜六色的化妆服，戴上千奇百怪的面具，提着一盏"杰克灯"走家串户，trick or treat。

（二）设计元素分析

深色的台布象征黑夜；骷髅装饰、不死鸟、蝙蝠、幽灵糖果等是Halloween特有的元素。

今天让我们在这里狂欢，手酸了，可将手里的东西放下；心累了，请将心里的事放下。把囚禁在心牢中的自己解救出来，把压力释放出来，轻装上阵，人生会更美好，身体会更健康。

十五、慢享浓醇

【主题创意说明】

法国的咖啡文化源远流长，一杯咖啡配上一个下午的阳光和时间，重要的不是味道而是那种散淡的态度和做派。法国人喝咖啡讲究的是环境和情调，在路边的小咖啡桌旁看书、写作、高谈阔论，消磨光阴。结合现代人快节奏的生活方式，我们做了"慢享浓醇"这个主题，一方面是想深入挖掘法式咖啡文化，让宾客更多地了解这一传统饮品的文化精髓；另一方面是通过"慢享"二字，使得现代人学会放慢脚步，品味生活。

本次西餐主题的设计主要运用咖、白、红三种经典色彩。首先咖色棉麻台布做底，象征浓郁香醇的咖啡。其次，我们选用纯棉的米色口布，象征与咖啡相伴的牛奶。在餐具选择上，我们选用高级白色花边骨瓷餐盘，丰富而典雅的花边造型象征由咖啡而激发出的创作灵感，产生了丰富多彩的文化成果；水晶酒杯精致透明，线条优美，与餐具搭配在一起相得益彰。

在主题装饰上，咖啡色的烛台精致而又典雅，充满了古典韵味。在中心装饰物的设计上，我们用了红色玫瑰做底，体现优雅高贵的气质。一杯香气袅袅的浓醇咖啡，一支羽毛笔，一部未完成的书稿，营造了浓厚的创作氛围，使整个台面高档精致，寓意深远，让人回味无穷。

十六、莎翁的手稿

【主题创意说明】

我此次台面设计的主题是莎士比亚的手稿，威廉·莎士比亚，华人社会常尊称为莎翁，是英国文学史上最杰出的戏剧家，欧洲文艺复兴时期人文主义文学的集大成者，也是西方文艺史上最杰出的作家之一。今年，正值莎翁逝世400周年，在这个值得纪念的日子里，让我用这桌主题台面带您重温这位传世作家的不朽作品！

　　整张台面以灰色和银色为主色调，灰色是高雅的颜色，缎面的灰更是流动着优雅与高贵的色彩，正如莎士比亚手中流畅的羽毛笔，优雅地沙沙画过，就流出如诗如画般美妙的词句。餐盘选择了一整套的梵思曼餐碟，纯白的骨瓷搭配极具线条感的宝蓝色网格纹路，再点缀有文艺复兴时期繁复的花纹，营造出浓郁的复古气息，蓝与白在纯净的灰的映衬下愈加生动。口布选择与台布同样的灰，折成一个个整齐的书架，仿佛带领我们走近莎翁的书桌，摩挲着他饱含心血的字字珠玑。台面中心是我此次设计的重点，大号的原木玻璃罩内放满了仿旧的牛皮纸卷，如同莎翁的手稿，被后世视为瑰宝，珍藏至今。莎翁一生作品中有着许多不朽名篇，其中的《罗密欧与茱莉叶》《哈姆雷特》《李尔王》和《威尼斯商人》都为我们所熟知。玻璃罩旁放有仿旧的复古笔筒，里面插满了各色的羽毛笔，恍然间我们仿佛还能看见莎翁在桌前奋笔疾书的身影。为了让大家更好地重温经典，我专门选择了莎翁作品中经典语句作为贺卡，当您坐下来阅读这些优美的语言，你会不自觉地步入莎翁的文学世界：生存还是毁灭，这是一个值得思考的问题；名称有什么关系呢？玫瑰不叫玫瑰，依然芳香如故，等等。

　　莎翁曾说过，一万个人心中就有一万个哈姆雷特，其实我们想说，一万个人心中亦有一万个莎士比亚。在这个特殊的日子里，让我们执起莎翁的手稿，重温他那些不朽的名篇，感受他笔下那个精彩纷呈的世界吧！

十七、海上丝绸之路

【主题创意说明】

（一）宴会背景

2016年初春，21世纪海上丝绸之路国际研讨会顺利召开。来自世界各地的专家学者、商贾政要出席了本次研讨会。宴会以研讨会为背景，以"和平发展合作共赢"为主线进行设计。

（二）设计亮点

在设计理念上，秉持历史与人文相结合的基本原则，设计元素紧扣时代主题，从历史性和人文角度体现宴会所蕴含的深厚文化底蕴。宴会主题设计灵感源于中国国家主席习近平2013年提出的21世纪"海上丝绸之路"之倡议。"海上丝绸之路"是古代中国与世界各国交通贸易和文化交流的海上通道，形成于秦汉，发展于三国至隋朝，繁荣于唐宋，是已知的最古老的海上航线。21世纪"海上丝绸之路"将再次成为亚洲、欧洲、阿拉伯及非洲开展经济、人文交流的重要纽带，对促进世界和平与发展将起到战略性作用。主题设计以此为背景，既彰显深厚的文化底蕴与人文内涵，又充满强烈的时代感与前瞻性。

（三）主题造景

中心台面的单桅帆船模型系一艘复原的阿拉伯古商船沉船"黑石号"。据考证，该商船约9世纪上半叶沉没于印尼勿里洞海域附近，是亚洲与欧洲及非洲逾1200年来海上贸易及人文交流的见证。模型为纯手工工艺，力图展现该商船的历史厚重感和人文气息。船底蓝色的海浪用水景膏仿制。古船在浩瀚的海洋乘风破浪，锐意前行，表达了丝绸之路沿岸国家同舟共济、合作共赢的美好愿望。古船外镶嵌的通透玻璃球罩象征着全世界，强化了古船的神秘色彩。

（四）主色调

以蓝、白及咖啡色与古铜色构成的暖色为主色调。深蓝色表征广袤、深邃的海洋，跃动的白色海浪将丝绸的质感及活跃的海上交流体现得淋漓尽致。古帆船的褐色与橄榄叶造型烛台的古铜色是古朴与典雅的完美结合，也使人感受到悠久的历史及丝绸之路的和平发展理念。

十八、粉红天使

【主题创意说明】

（一）布件选择与搭配

整个会场以粉色装饰物为设计主线，营造出梦幻、欢乐、活泼、浪漫的氛围。桌布口布均采用粉嫩色系，营造唯美温馨浪漫气氛，凸显女孩儿天真烂漫爱幻想的特质。

（二）椅套

采用特殊定制的粉色图案椅背带，与台面桌布桌裙相辉映，整个宴会气氛立刻得到提升，进入会场会让你感受到进入了温馨的浪漫世界。

（三）餐具用品选择与搭配

餐具使用粉色波点装饰的餐具，进一步加强了唯美浪漫气息，是宴会格调变得梦幻起来，凸显女孩子温柔中带点俏皮的感觉。

（四）烛台选择

烛台选用粉色美式乡村鸟笼铁艺烛台，设计简洁，形象生动，寓意在青春岁月中虽有斑驳交错的时光，但我们可以勇敢地突破心中的芥蒂，就像鸟笼永远困不住光明，黑暗永远遮不住希望。

（五）摆台设计

台面设计应以简洁活泼为主线，餐具摆放遵循标准西餐餐具摆放规则。

十九、樱为相爱，所以相守

【主题创意说明】

樱花是爱情与希望的象征，代表着高雅、质朴、纯洁的爱情，满树的樱花，宛如懵懂的少女静静绽放，她是对爱人诉说爱情的最美语言。因此，我选择"樱花"作为婚宴的主题。

该西餐摆台按照传统的法式西餐台面设计，同时从樱花中获得灵感，营造了一种浪漫的氛围。白色的台布让整个桌面看起来干净、整洁，同时也映衬出樱花所代表的纯洁的爱情。粉色的樱花餐垫和中心花摆件，让整个台面顿时充满了浪漫和可爱的感觉，白色的餐盘，质高玉洁，贵而不奢，丽而不娇。

高档的金属餐具以及高脚水晶杯，在柔美中尽显尊贵。高地的蜡烛餐巾口布花型高于其他餐位，显示出主人的尊贵。其余宾客口布花型都选用目前最流行的口布圈拉花，虽简单，却时尚大方。

为了贴切主题，在菜单的设计过程中，我使用樱花的照片作为底色。主题说明和蜡烛选用粉色，让整个台面充满浪漫与温馨的气息。

可以想象，这次樱花之旅带给你的不仅仅是美食上的享受，更是一份不可言喻的浪漫与甜蜜。

二十、追梦

【主题创意说明】

我们的祖国正朝着复兴中华的伟大"中国梦"而前进！而这个伟大的梦想，是我们这一代年轻人的神圣使命和始终不渝的追求。我们的梦是美丽的，是幸福的，也是五彩缤纷的。正值青春年华的我们，拥有春天的朝气、夏天的热烈、秋天的成熟和冬天的坚强，为了表达这个梦想，并勇敢地去追寻，所以我设计的台面选择了代表阳光和信念的向日葵作为主题设计。

我们选用了白、绿、黄三种颜色作为台面的主色调，寓意深刻，色调清新、自然。

为了能衬出绿、黄两种颜色，我们选用了白色的台布和镶着银边的餐盘。白色象征纯洁的心灵，就像年轻的我们，一片冰心，洁白无瑕。银色象征着我们追求的高品质的人生。

我们选用了昂首挺立的黄色向日葵花束。向日葵围绕太阳运转，象征着我们对党的忠诚和对祖国美好未来的坚定的信念，充满对祖国的无限深情和对梦想孜孜不倦的追求，也象征着年轻的我们，微笑拥抱每一天，认认真真、脚踏实地地过好现在的每一天，健康、快乐地在阳光下茁壮成长。黄色的蜡烛火苗永远向上，象征着我们不懈的努力和奋斗，一支蜡烛虽是微不足道的，但亿万支烛苗汇在一起，必将产生巨大的能量，一定会在追寻伟大的"中国梦"中变成一团团熊熊燃烧的火焰，为这个伟大的梦想奉献出自己的光和热。

追梦，是我们的理想，更是我们的使命和责任。这个"追梦"台面代表着我们的心声，我们坚信这个梦想一定会实现！

二十一、舞动梦想

【主题创意说明】

亲爱的评委们，大家好，现在我将介绍我本次宴会的主题，主题名为"舞动梦想"，我的主题灵感来源于舞者在舞台上的演绎，美丽和优雅，但是谁知道在他们身后遭受的困苦？他们总是坚强地将最美丽的一面展现给观众，而默默地隐藏他们在幕后日复一日枯燥无味练习的艰辛。我希望这次的主题可以让大家受到正能量的感染，能够勇敢去面对生活中的起起落落，享受生活的乐趣。

在餐桌中央，是我本次宴会的主题装饰物——两位舞者。在舞蹈中，我们不仅可以欣赏到舞者优美的舞姿，也可以从中感受到舞者那坚韧不屈的精神。银色的台布，灰色的餐巾，就如那舞台上的镁光灯一样，时而明亮，时而朦胧。咖啡色的椅套代表着舞者在幕后不为人知的付出。而我本次选择的餐具则反映了舞者在舞台上多彩的艺术人生。银灰色和咖啡色的运用，就像一场优雅别致的戏剧在我们眼前上映。

本次宴会的菜单采用黄色的封面，而金黄色的内页，可以使客人阅读时，更加舒适。关于菜品原料的选择，我们遵循绿色、健康、原生态以及环保的原则，菜品价格也十分亲民，易于人们接受，下面我将介绍我精心选用的菜肴：

前菜：
牛油果龙虾沙拉

汤：
圣日耳曼青豆汤

鱼及海鲜类：
香煎澳洲带子配黑鱼子酱

主菜：
T骨牛排配黑椒汁

甜点：
姜汁热情果慕斯杯

咖啡和茶

伯爵茶

葡萄酒：
智力中央山谷甘露庄园天路白苏维翁（干白）

派克酒庄西拉子红（干红）

"舞动梦想"是一次将艺术的灵魂和优美传递给大家的宴会。高雅的色彩，精致优美的台布，独特的装饰风格，我相信大家能够在享用食物的过程中领悟到生活的真谛。

来吧，让我们一起享受这场盛宴，让我们的生活中充满正能量。

二十二、罗马假日

【主题创意说明】

《罗马假日》是 1953 年由美国派拉蒙公司拍摄的浪漫爱情电影,故事讲述了一位欧洲某国公主与一位美国记者之间在意大利罗马一天之间发生的浪漫经历。随即该片取得了巨大的成功,成为好莱坞黑白电影的经典之作。本主题设计旨让客人置身于电影情节中,沉浸在对电影美好回忆的同时,不忘男女主人公清新脱俗的外表,不忘这一段动人心弦的爱情故事,不忘他们最后为了各自的责任而不惜牺牲爱情的伟大壮举……这一切,我们将在主题中一一体现。

台面整体色调以黑、白和银色为主,经典大方。第一,暗色系的桌布、口布和椅套体现了皇家的尊贵地位。第二,银黑菱形边缘的装饰碟和水晶高脚杯,传递给客人一种线性的美感。第三,口布圈是特别挑选的皇冠形状。所有元素,都完美契合了安妮公主的尊贵身份。更引人注目的是椅套上的装饰带,分别印上了 6 个电影中的镜头,客人置身桌边,即可身临其境。

为了突出主题,选用场记板作为主题说明牌,烛台也选用了欧洲古典款式。在华丽的白色底座之上,陈列着罗马的代表性建筑。这一可爱的小摩托车便是中心装饰物的点睛之笔。摩托车不仅带着主人公漫步于罗马的大街小巷,更承载着他们青涩的爱。

菜单价格适中,选材精致,搭配酒水合理,是一场能给人味觉和视觉上的盛宴。

二十三、梦幻迪士尼

【主题创意说明】

迪士尼从诞生至今已有近百年的历史了,它塑造的无论是主题公园还是卡通动画都早已深入人心。成人需要找一个保存童年记忆的城堡,而孩童更需要一个寄托幻想的国度。迪士尼的主题就是梦幻,因此迪士尼为他们提供了最好的选择。在日益忙碌的社会氛围下,迪士尼已不仅是陪伴孩童们的乐园,同时也为成年人提供了一个放松与游憩的平台,所以我们选择以"梦幻迪士尼"为主题,希望把人们一起带回纯真的童年,带回快乐的海洋。

本次西餐主题的布草设计以迪士尼经典城堡为色彩背景。蓝色台布配上灰色椅套,瞬间把人们拉进迪士尼的梦幻世界。红色波点口布源自米妮的经典装扮。他们看上去非常清新可爱,充满着童趣和活力。在餐具的选择上,我们选用高级的白色骨瓷餐盘,象征着童年的纯真美好。高脚杯精致透明,低调奢华,与餐具搭配在一起相得益彰。

在中心装饰上一个个迪士尼经典卡通人物围绕在城堡周围一起欢歌笑语。晶莹剔透的魔力水晶球让梦幻与欢乐转成永恒的光芒。整个台面呈现出一个梦幻的舞台,迪士尼的欢乐精神在这个舞台上蔓延,客人在此享受一段美好的快乐时光。

二十四、奥斯卡之夜

【主题创意说明】

奥斯卡,全称为奥斯卡金像奖。它设于1928年,每年都会在美国洛杉矶好莱坞举行。奥斯卡金像奖与意大利威尼斯、法国戛纳、德国柏林国际电影节并称世界影坛最重要的四大电影奖,对世界电影艺术有着不可忽视的影响。

每年一度的奥斯卡颁奖典礼是全世界电影人的盛会。在那天晚上,能够受邀参加典礼,亲自在红地毯上走一次,甚至能将"小金人"收入囊中,是所有电影人毕生的梦想。近一个世纪的时间中,在奥斯卡上涌现出了《乱世佳人》《教父》《泰坦尼克号》《阿甘正传》等许多优秀的电影作品,同时也产生了像丹泽尔·华盛顿、汤姆·汉克斯、奥黛丽·赫本等著名的演员。这些电影作品和演员陪伴了全世界几代人的成长。

我们用黑色桌布代表着典礼举行的夜晚,金色的口布象征着无数的闪光灯。红玫瑰铺成了明星们争奇斗艳的红地毯,耀眼的小金人、放映机和播放着获奖影片的荧幕,让客人们仿佛置身于奥斯卡颁奖典礼现场,在品味美食的同时,也获得愉悦的心情。

二十五、文艺复兴

【主题创意说明】

文艺复兴是盛行于14世纪到17世纪的一场欧洲思想文化运动。于16世纪达到顶峰，带来一段科学与艺术革命时期，揭开了近代欧洲历史的序幕。我这次的台面设计就是围绕文艺复兴时期涌现的诸多文化作品展开的，向创作出这些传世名作的大师巨匠们致敬！

整个台面以复古黑为主色调，光线流动的黑色台布仿若一块巨大的画布，正绘制着辉煌的历史，也将人瞬间拉回至西方艺术盛世的正中心，感受着思想与艺术上的激情碰撞。餐盘选择一整套的文艺复兴纹路骨瓷，繁复、缤纷的花纹正像这一时期艺术上的辉煌成就！与台布同样颜色的口布折成一个个未展开的折巾，里面是有着怎样的精彩的画作，留给人们无限的遐想。

台面中心更是很好地吻合了主题，仿旧的罗马柱依稀可见复杂的雕刻纹路，仿佛还在述说着那段辉煌的艺术盛世。配上涂满色彩的画板和画笔，营造了浓郁的现场氛围，简约欧式的插花，让整个桌台面具有了浓郁的西方文艺气息。

二十六、玫瑰之夜

【主题创意说明】

台心装饰物由三支水晶柱组成，在柱内水中配置着红玫瑰、香槟玫瑰及紫玫瑰。刚草穿起的玫瑰花瓣，在两台金蜡烛的焰光下熠熠闪烁，似乎在向人们娓娓诉说着他们五十年来的浪漫故事和漫长岁月中相敬如宾的爱情与不断升华的琴瑟之好。整个装饰组合在简约大方中营造出了浪漫的情调，既有视觉上的享受，又深蕴灵动之美，呼应着玫瑰之夜的内涵。

选择白金色的桌布和玫瑰红桌旗奠定浪漫的爱情主题，符合人们对于爱情的理解：热情、甜蜜。红白相衬，既热烈又纯洁。口布折花主人位为"烛光晚餐"，寓意着情侣的爱情像烛光一样明亮温情，以及对他们五十年相爱经历的永恒回忆和美好纪念，也增加了晚宴的温馨浪漫情调。其他客位选用"领带"造型，寓意着正进行着正式礼节性的西式庆典宴会，也表示出对主人夫妇的真诚祝愿。

高贵精致的烛台和蜡烛，精美洁白的餐盘，晶莹剔透的酒水杯，亮洁耀眼的刀叉餐具，香醇的红酒，处处营造着浪漫的气氛，为彼此间的情感再添美好色彩，充分体现了爱情的甜蜜及情侣们对爱情的美好憧憬。

二十七、绿色天使

【主题创意说明】

由于各种污染，我们的地球家园已经失去了往日的风采，给人们生活环境造成了很多负累。目前世界范围内掀起了各种绿色环保运动，在国内很多大学成立了绿色天使环保协会，是以宣传环保知识，组织环保活动为主要内容，以关注环保，提高全民环保意识为宗旨的公益类环保社团。受此启发，我设计了《绿色天使》这一西餐宴会台面。这一台面主题设计，表达了对纯净环境的向往与期待，更强调我们人类在环境保护中应当像天使一样，热爱自然，积极发挥主体作用。

整个台面以绿色和白色相间为主要色调，给人清新自然的感觉。台布使用了绿色，绿色既是生命与健康的象征，也是文明与环保的标志，更是我们赖以生存的环境基色，象征大自然的勃勃生机，寓意着希望，和谐与平静。口布与台旗用了白色，寓意我们的生存环境需要纯洁，环保无污染。口布上的天使绣花图案和天使型餐巾扣与主题高度呼应。简洁的餐具合理搭配象征人类生活应当简洁无瑕，寓意人类与自然要和谐相处。

中心装饰物为绿色天使和鲜花组合，在绿色大自然中，绿色天使在鲜花丛中徜徉，惬意地享受着自然之美，浑然天成。自然与天使融为一体，给人一种充满活力的自然美感，寓意人与自然和谐相处才能带来幸福快乐。

整个台面跳跃而不失庄重，和谐又充满活力，表达了对大自然的热爱，倡导我们要爱护环境，关注环保。我们都应有环保意识，为我们未来的幸福努力。

二十八、音乐之声

【主题创意说明】

音乐是另一种语言,在不同的场合会带给我们不同的感受,能够感染人的心绪。音乐无处不在,通过音乐可以展示出不同形式的美感,音乐,是形式也是内容。因此,本次西餐主题台面设计我选用"音乐之声"作为主题,为音乐爱好者的聚会提供高雅的聚会场所。

第一乐章　布草

维也纳金色大厅,是世界上最著名、最古老的音乐厅之一。因此本主题台面采用金色、红色、黑色作为主题色,象征着维也纳金色大厅的金碧辉煌。

沙金色的台布,印有阶梯状钢琴图案的椅套,象征着交响音乐带给观众美轮美奂的感受。柔软的口布上印有五线乐谱、乐符及钢琴的图案,深刻阐述了音乐的主题。主人位及副主人位的口布花为西装和裙子式样,代表了盛装出席的音乐会观众。其他餐位的口布呈阶梯状,既像钢琴的琴键,又像音乐的音阶,让人仿佛置身于音乐会现场。

第二乐章　餐具

餐具花纹选用流畅的线条，仿佛音乐给人们带来余音绕梁的感受。烛台选用简洁的线条，金色的烛台孔仿佛是金色的小号吹奏着高昂的曲调。三套杯选用水晶玻璃杯，水晶是高贵典雅的象征。

第三乐章　中央造景

中央造景选用了钢琴作为主景，钢琴上的舞者随着悠扬的音乐翩翩起舞，刚草串联的插花仿佛五线谱，轻盈、明快。插花整体造型也似琴弦，琴弦上的各种乐器，仿佛合奏着悦耳动听的协奏曲。

二十九、丛林仙境

【主题创意说明】

本次西式宴会服务摆台设计的主题是"丛林仙境"。生活在繁忙都市中的人们看惯了车水马龙和七彩霓虹，总是渴望重归儿时梦里的童话仙境，这个仙境自然和谐，绿荫葱葱，鸟语花香，还有无忧无虑的快乐精灵。

台面的中心装饰物采用苔藓微景观造景的手法来设计，主要由挥舞着翅膀的精灵、蘑菇造型的精灵屋、流水的花朵喷泉及常青藤、狼尾蕨、网纹草、苔藓等绿色植物组成，力图打造一个神秘、浪漫、梦幻的丛林之境。郁郁葱葱的丛林里，茂盛的绿植散发出舒心的凉爽，金色的阳光透过层叠的枝叶洒落在草地上，一群可爱的精灵生活在这单纯而又美好的童话世界里，他们或甜蜜相拥，或调皮嬉闹，或静默祈祷。

围绕设计主题，选用绿色和白色作为本次台面的主色调。绿色除了代表丛林的翠绿之外，又象征着盎然的生机。白色的餐盘放在绿色的桌布四周象征着丛林上空环绕的洁白云朵。

叶绿色的口布被折叠成蜡烛、皇冠，或小树，邀请客人共同体验丛林之美。鸟笼式的烛台用满天星花环加以装饰体现了鸟语花香的丛林风情。璀璨的水晶杯高贵、纯洁，给予宾客梦幻般的感受。镶有绿色叶子花边的椅套彰显出丛林的静美。

整个台面主题彰显着清、雅、幻的丛林童话气息，主题的浪漫色彩也为就餐者营造轻松愉悦的就餐氛围，希望能够唤起就餐者心底的童真，让他们能暂离尘世的喧嚣，找回内心的平静。

三十、魔法奇幻儿童节

【主题创意说明】

这张台面的主题叫作"魔法奇幻儿童节"，其灵感来源于世界著名的哈利·波特系列电影。此系列电影讲述的是一个名叫哈利·波特的小魔法师与邪恶势力作斗争的惊险故事。此主题台面专为喜欢这部系列电影的孩子量身定制，供他们用来庆祝儿童节，并旨在重新唤起这些小用餐者们对那些惊险曲折、引人入胜的电影情节的回忆。

（一）棉质用品

在棉质用品方面，此台面的桌布颜色为深蓝色。这将为整个台面奠定一个具有神秘和梦幻色彩的基本氛围。此外，装饰在桌布边缘的流苏花边，又使这条蓝色桌布更加与众不同。为了搭配这条蓝色桌布，本台面使用了六条金棕色的椅套，并在其上面装饰一些如魔法石、驯鹿和打人柳等曾在电影中出现的道具的图案。而几条带有如彩虹一般彩色图案的餐巾，被折成火焰杯、巫师帽和帐篷等电影道具的形状，更是为本台面带来了几分活力与可爱。

(二)烛台设计

本设计的另一个别致之处,是一对带有猫头鹰装饰的烛台。电影中,这只名叫海德薇的猫头鹰经常帮助哈利·波特送信。而在这张台面的设计中烛台上的两只猫头鹰也被想象成邮递员,为小用餐者捎来来自宴会主人的热情欢迎和良好祝愿。

(三)瓷器用品

在瓷器用品方面,本设计选择了带有金色网格和蓝色边缘装饰的盘子,来突出台面的豪华与优雅。相应地,椒盐瓶亦采用与盘子相同的花纹风格,以达到风格上的统一。

(四)中心造景

台面的中心造景装饰物由魔法棒、魁地奇金色飞贼、水晶球等电影道具组成。这些道具极具代表性，绝对会给这些看过电影的小朋友留下深刻的印象。不仅如此，由于是在儿童节，为了迎合小用餐者的喜好，一些制作精美的糖果也被运用中心装饰物之中。

希望本台面的设计能够帮助这些孩子重温那些充满奇幻色彩的电影情节，并为他们带来味觉和视觉上的双重享受。这必将成为一个让孩子们终生难忘的儿童节。

三十一、珍爱和平，反对暴力

【主题创意说明】

"珍爱和平，反对暴力"是人类永恒不变的主题。但法国在 2015 年 11 月 13 日却遭受了该国历史上史无前例的暴力袭击：在这次灾难中至少有 129 人丧生，359 人受伤，其中 99 人重伤。也就在这一刻，全世界爱好和平的人们的心紧密联系在了一起，为法国祈祷。

我们的桌布选用了夜的黑色，代表了暴力袭击下法国人痛苦无助的困境；桌旗选用了法国人心目中举足轻重的蓝、白、红三色，分别代表了自由、博爱、平等，预示着希望、温暖与和平；中心展示物是一把打结的左轮手枪，打结枪口的寓意是停止枪火，远离暴力，维护和平；展示盘中的白玫瑰，代表了对在事件中逝去的无辜生命的哀悼。

和平是普通百姓的共同愿望，让我们携起手来为维护世界和平奉上自己的微薄之力吧！

三十二、万圣节狂欢夜

【主题创意说明】

这张宴会餐台的主题名为：万圣节狂欢夜。在西方国家，10月31日被认为是夏季正式结束的日子，严酷的冬季即将来临。那时人们相信，亡魂会在这一天夜里回到故居找寻圣灵，借此再生，这是一年中唯一可以重生的机会。因此这一天的夜，就是"万圣节"。

随着时光的推移，这种习俗逐渐演变今天的万圣节，已变成了家人团聚、共同祈祷、友人欢聚的日子。用南瓜灯、骷髅图案、蝙蝠、小巫女、糖果等物品给聚会带来无拘无束、欢快畅饮的感觉。万圣节本身源于西方，搭配西式菜品更加贴切。可以选取节日中的代表性食材进入菜单。从季节角度来说，我们的10月31日也已步入初冬，在略有寒意的冬夜中，有烛火、美食、美酒，让宾客感受到热情。加之各种万圣节元素又给宴席蒙上一层神秘的气息，使朋友们的聚会变得更加完美。

橘色与黑色两色相间的台布，代表光明与黑暗，体现的是万圣节本来的含义。台布和椅套上印有南瓜、骷髅、万圣树的可爱图案，增添欢乐的气氛。粉色扶郎寓意永远快乐，黄桔梗寓意着幸福。在我们的插花中有几朵是由糖制作的仿真鲜花，你能看出来吗？我们用南瓜作为插花容器，更能突出题。女士们，先生们，请尽情享受此次万圣节狂欢夜！

三十三、上海迪士尼乐园开幕盛典晚宴

【主题创意说明】

女士们、先生们早上好/下午好：

自2016年6月16日起，您将可以探索一个前所未有的神奇世界，每个人都能在这里点亮心中奇梦。这就是上海迪士尼乐园，充满创造力、冒险精神与无穷精彩的快乐天地。您可以在此游览全球最大的迪士尼城堡——奇幻童话城堡，探索别具一格又令人难忘的六大主题园区——米奇大街、奇想花园、梦幻世界、探险岛、宝藏湾和明日世界。

您所看到的宴会台面设计是上海迪士尼乐园开幕盛典晚宴。宴会主办方是上海申迪（集团）有限公司。本次晚宴将邀请上海市政府相关领导，上海迪士尼度假区的相关工作人员，以及开园首日的幸运游客共同参加。

上海申迪公司对本次宴会的主题提出了若干关键词，即快乐、神奇、创造力以及

精彩。他们希望通过关键词传递出上海迪士尼乐园是一个充满创造力、冒险精神与无穷精彩的快乐天地。让迪士尼的神奇为上海这座城市带来新的快乐精神。

首先，台面中心我们采用奇幻童话城堡为主题，它宏伟壮观，是全球迪士尼乐园中最高最大的城堡，是上海迪士尼乐园的标志性景点，这里会聚了迪士尼童话故事中的每一位公主。目光所及之处，童话故事逐一跃然眼前。

其次，在布草方面，我们选用迪士尼标志性的紫色和黄色为主体色，台布选用纯棉材质，紫色；口布选用金黄色，从而彰显出迪士尼带给我们的愿望、奇迹与梦想。

再次，餐具选用德国PAMA优质西餐器皿与富有创意的意大利RCR水晶酒杯，用他们的制作理念来彰显迪士尼乐园神奇并充满创造力的品牌文化。无处不在地体现出晚宴的主题。

最后，我们精心为迪士尼的尊贵客人准备了特殊菜品，前菜为皇家沙拉，其次为龙虾汤，接下来是两道主菜，我们选用智力中央山谷干露庄园天路苏维翁配银鳕鱼，托马斯酒庄瓦尔普利拉红葡萄酒配牛柳，甜品是法式巧克力，给您带来甜美的迪士尼梦幻之夜。

女士们、先生们，请尽情享用我们精心设计的饕餮盛宴，愿您有一个难忘的迪士尼梦幻之夜。

三十四、帆·宴

【主题创意说明】

（一）宴会背景

新公司开业庆典是经济蓬勃发展态势下人们常见的餐饮商务庆典活动。本餐台设计的主题主要用于公司成立庆典宴会，表达了主人对公司未来发展的信心与祝愿之意。

（二）主题文化内涵

将桌布、餐具以及帆船、郁金香和满天星打造的插花艺术品作为餐台创意造型的主要元素。以蓝色满天星、绿色小菊来代表海洋以及海浪，帆船在蓝色的海洋中迎风驰骋，象征着公司的未来之路一帆风顺。

宴会整体以扬帆起航为代表寓意，有针对性，符合公司开业对未来美好前景的祝愿。台面配色庄重典雅，搭配帆船插花艺术品更可以呈现出庄重、繁荣、典雅的盛会情景。摆台设计从造型、颜色、寓意表达出公司财富像海洋般宽广，完美的起航从今天开始。

（三）主题特色

台面中间放置插花艺术品来寓意"扬帆起航"。插花艺术品用白帆蓝色木质帆船，航行在蓝色满天星表现的蔚蓝大海中，搭配石斛兰象征着财富，代表公司发展将一帆风顺，财富满载，驶向新的彼岸，表达宴会主人对公司未来一帆风顺的美好祝愿与信心，也预示着事业的顺利与成功。主位的口布折花造型为"节节高"，代表祝福公司事业节节高升。客人位的口布折花造型为"一帆风顺"，代表对公司未来顺利发展的祝福。

（四）主题要素

台布选择深紫色，搭配白底紫色的饰带奠定了稳重典雅又不失活力的宴会格调。而且紫色在中国传统文化中寓意财富，象征着公司未来发展兴盛财富满载，台布选择厚重感材质，对应稳重主题。餐具与口布均选择纯白色，酒杯选择纯色无花纹水晶杯，总体格调细致高雅。

（五）营养分析

本餐台菜肴使用西式餐饮文化中惯用的天然食材制作而成，并讲究荤素搭配的适宜与营养的均衡。这样，不仅能给宾客提供味觉的盛宴，而且能充分发挥各个食材特有的营养保健功能。

  餐台所搭配的佐餐葡萄酒以"白肉配白酒，红肉配红酒"为基本原则，并充分考虑葡萄酒、食物味道与口感搭配的恰当，力求让客人在享受到美酒的同时提升菜肴的质感。

三十五、厨师长的餐桌

【主题创意说明】

（一）主题：厨师长的餐桌——独特与分享

（二）设计市场背景：餐饮产品同质化严重；消费者在消费餐饮产品时不仅要触及舌尖上的感动，更需要视觉艺术和食物被创造过程中的全新体验

（三）整体设计内容

1.视觉上的设计（独特）：折射顾客尊贵身份并令其有记忆悠长的、独特记忆的是卓尔不群的个性化，而非奢侈

（1）超凡脱俗的一席白色（奶白色的桌布、椅套）的背景下，着一袭白衣的厨师长亲临餐桌。绽放的花朵更是自然与优雅在共享空间。

（2）金色的装点和画龙点睛：富有质感的装饰盘、餐厅服务员的服饰与金色呼应的新鲜果蔬都是完美的结合。

2.独特与分享

厨师长款款侍奉、建立互信（餐厅服务员在厨师长的指挥下协助完成为客户创造全新体验）；富艺术与味觉天赋的厨师长用烹饪的艺术气息感染客人卸下武装，充分的交流使需求被深度地激发和阅读、共同用最释怀的心境分享美食被创造和设计的过程。厨师长最后将菜肴的制作"秘籍"赠予客人。

总之，视觉上的不俗感受、厨师长侍奉席间的专业沟通与"厨""艺"分享，宾客定能享有卓尔不群的体验。

三十六、蓝白调畅想

【主题创意说明】

欢迎来到时尚餐厅。经济在发展，社会在进步，人们越来越注重生活的品质，追求时尚。我们这桌设计就是围绕时尚主题而展开的。蓝白相间的条纹搭配，让人眼前一亮。这个灵感来自于我们最可爱的人，海军的制服——海魂衫。它既时尚，又能迎合人们心中的军人情节。

海魂衫的诞生，一般认为与海洋有关。其实，它的诞生与海洋没有任何关系。据说是英王格奥尔格二世一天目睹一位公爵大人骑马疾驰，身着蓝衣，扎白色腰带，颜色十分和谐典雅。当时英国海军正不满意现用军服，期望革新，于是受到启发的他，宣布新的海军制服做成蓝白相间，后在各国海军中迅速传开，海魂衫现指各国水兵们穿的衬衣，通常为白蓝相间的条纹衫，俗称海军衫，又称海魂衫。海魂衫的寓意为广阔的大海与蓝天，水兵们穿上海魂衫更显得精神抖擞。

现今海魂衫已成为随处可见的时尚元素，受到越来越多的人的追捧。同时，海魂衫因为其清新靓丽的颜色，也带给生活在快节奏中的都市人一份轻松和休闲的感觉。因此，我们把既时尚又靓丽的海魂衫元素应用到这张餐桌上，白色的台布，蓝白相间的桌旗，遥相呼应的烛台。再看中间的主题物，一个海边度假的微景观，主题物有沙滩椅、小船、救生圈、太阳伞、玩耍的孩子、绿色植被、灯塔，还有可爱的贝壳、光滑的石子……这一切仿佛令人置身于大海边，看见一家人在海边享受天伦之乐，海边度假的场景与海魂衫时尚元素彼此交融，清新亮丽、舒适悠闲。在如此温馨而时尚的餐厅就餐，相信我们的客人同样也会感到惬意。

三十七、生命的歌颂

【主题创意说明】

荆棘鸟，它一生只唱一次歌。从离开巢开始，便执着地寻找荆棘树。当它如愿以偿时，就把自己娇小的身体扎进一株最长、最尖的荆棘上，流着血泪放声歌唱，那凄美动人、婉转如霞的歌声使人间所有的声音刹那间黯然失色。

《荆棘鸟》，克利里家族三代人的故事，他们有着各自不同的性格特点与人生追求。梅吉温良内向、倔强坚强，是最引人注目的一只荆棘鸟，拉尔夫神父欲爱不能、欲罢也不能，他就是她那根最长最尖的棘刺。帕迪身无分文、体贴包容，即使在被烈火炙烤、死亡降临的时候，他不停叫唤的仍是菲奥娜的名字，是最卑微低调的荆棘鸟，菲奥娜高贵美丽、冷漠偏心，她就是他那根最长最尖的棘刺。

真正的爱和一切美好的东西是需要以难以想象的代价去换取的。这就是荆棘鸟，这就是被爱和美好驱赶着的人们，他们的一生就是寻求荆棘的传奇：义无反顾，心无旁骛，至死方休。他们遵循着一个不可改变的法则，穷极一生，找寻着、放弃着，只为达到心中最美的高度。直到那荆棘刺进的一瞬，也不会意识到死之降临，只是唱着、唱着，直到生命耗尽，再也唱不出一个音符。

元素解析："生命的歌咏"主题宴会的台面就是围绕追寻梦想来设计的。台面以深蓝色为主色，白色为辅。蓝色是最冷的色彩，它是冷静、广阔、深邃、勇气、永恒的象征。白色纯洁典雅，是心无旁骛的象征。中间的"天堂鸟"引吭高歌，吟唱着悦耳的歌声。四周环绕着盛开的花朵，是如愿以偿后心底开出的欢喜。脚下树枝穿梭缠绕，是曾经路上纷乱的阻碍。整个台面氛围幽静而又豁达，呈现梦想的坚定和永恒，适宜商务人士宴请、洽谈、交流。

三十八、杯酒人生

【主题创意说明】

（一）主题背景简介

酒有一种让人无法抗拒的独特魅力，一杯酒的时间，让人能偶尔放松下来品味人生。人生如酒，正是由于酒能给我们带来这样的感官愉悦和心灵思索，我们选用"杯酒人生"作为此次宴会的主题，通过一系列具象的器物，来诉说酒的故事和人的一生。

（二）餐台设计说明

1. 造型物的选择与搭配

（1）中心造型物：以西方最熟悉最经典的葡萄酒为例，通过新鲜葡萄、橡木酒桶、成品酒瓶和醒酒器这四个重要物件，来展示一杯葡萄酒从果实的采摘、橡木桶的发酵酿造、装瓶成品直至饮用前醒酒的过程（酒瓶配以专门定做的酒贴同时充当此次宴会的主题牌）。其中，颜色从变化到丰富，气味从清香到醇厚，口感从甜蜜到甘涩，象征人的一生如同一杯醇美的葡萄酒的酿造过程，历经岁月的洗礼而愈加甘洌，散发出人生完美阶段才有的成熟芳香。

（2）餐盘装饰物：巧妙地利用葡萄酒软木塞作为底托摆放精心定制的小卡片，卡片内容为世界名人对酒与人生的感悟，不仅呼应中心造型物和再次强调主题，更是为宾客营造出一种充满文化气息的用餐氛围。

2. 色调的选择与搭配

以香槟色和酒红色为主色调。一方面，两者都是葡萄酒的代表色彩。另一方面，香槟色简约现代，代表尊贵大气的男性；酒红色端庄古典，象征成熟浪漫的女性；两者都寓意人生的完美阶段。

3. 布件的选择与搭配

光泽感的香槟色桌布，不仅象征着酒杯中轻漾的葡萄酒闪烁的微光，更起到了提亮整个台面、突出中心造型物的作用。白色棉质口布，白色搭配香槟色的弹力椅套，与整个台面相互辉映。

4. 餐具的选择与搭配

用质地优良的整套骨瓷器作为餐具，突出主题的高雅；刀叉勺为银质，杯具选用白色透明的水晶玻璃杯，看上去整洁光亮。

三十九、全民奥运

【主题创意说明】

奥林匹克运动会每隔4年举行一次。2016年的第31届夏季奥林匹克运动会于8月

5 至 21 日在巴西里约热内卢举行。用"全民奥运"作为西餐宴会台面设计主题，一方面是让来自世界各地的运动健儿们亲身感受巴西人的热情好客和巴西文化。另一方面是希望借此传递生命在于运动的"全民奥运"理念和奥运精神。

首先映入眼帘的是草绿色的台布，绿色，生机勃勃，活力四射，象征着奥林匹克运动会的绿茵场地：有时沉寂、有时沸腾，有汗水也有泪水，有掌声也有鲜花，也有失意和落寞。桌旗的底色是金黄色，寓意着胜利和收获，桌旗上绘制了奥林匹克运动会的主要项目，他们或跑或跳，或投或掷，或弯弓射箭或百舸争流；在闪烁跳动的烛光中，仿佛看到了生生不息、燃烧千年的奥运圣火，一下子让身临其境的人们热血沸腾。

在主题装饰上，中心主题的背景是象征世界五大洲人民和平、友谊和团结的"五环"奥运赛场和巴西奥运会会徽。红白相间的跑道中的镏金人物塑像与桌旗底色颜色相呼应，个个顽强拼搏，奇迹不断，"更快、更高、更强"的奥运精神在他们身上绽放着光彩，他们奋进的奥运精神感染着在场的每一位客人。

餐具选用高级白色金边骨瓷餐盘，餐盘整齐地摆在作为绿茵场的台布上，它们一个个胸怀坦荡，光明磊落，好像是前来参赛的运动员代表队伍，他们"友谊第一，比赛第二"。酒杯晶莹剔透，线条优美，仿佛是运动场上的礼仪人员，他们用微笑和真心为运动员提供服务，虽然不是主角，但绝对是一道靓丽的风景。

再看椅套，上面绘制着里约热内卢奥运会的会徽，它们与桌面主题隔空相望，遥相呼应，客人坐在椅子上犹如坐在马拉卡纳球场的看台上，这不仅是美味的盛宴，也是运动的盛宴。

四十、苦涩中的回甘

【主题创意说明】

这次宴会餐台的设计主题为：苦涩中的回甘。相传咖啡是在埃塞俄比亚被发现的，后来一批批奴隶从非洲被贩卖到也门和阿拉伯半岛，咖啡也被带到了沿途各地。四百年来，咖啡俨然成为锐不可当的流行风潮。新鲜的咖啡，香气浓郁，从咖啡豆到研磨成粉，香气逐渐挥发，果香、花香、草香，到坚果香，大大地满足了鼻子对香味的感受。饮一口咖啡，使其均匀分布在舌头的表面，所有的感官神经末梢会同时对甜、咸、酸和苦味做出反应。

该主题以意大利知名咖啡拉瓦萨公司产品推广会答谢宴为背景。米色、浅褐色和金色为这张餐台的主打颜色。以寓意成功的金色虹吸式咖啡壶、复古感十足的咖啡豆手磨和袋装咖啡豆作为主景。展示咖啡的萃取制作过程。本张台的台布用褐色麻制料子，展示了咖啡为基础延伸的含义。米色椅套的装饰形似装咖啡豆的袋子，创意十足。花语为幸福的海芋、表示高雅尊贵的白色洋兰及表达永恒记忆的紫色勿忘我，与作为插花容器的咖啡壶结合为凸显此次宴会主题的中心装饰。围绕着咖啡展示着它在我们生活中的位置。

在这个"速溶"的时代，咖啡带给我们的不仅是香浓的口味，更是一种感觉，也许只是街角那不起眼的咖啡馆，也许那的咖啡并不特别，但我们迷恋那的空气，那的氛围，那种苦涩中的淡淡回甘。这款餐台是酒店为意大利拉瓦萨咖啡公司的商务宴特殊定制。菜单是为这个商务盛典特殊设计的。

项目七
总结与展望

作为国内第一本从赛事角度出发撰写的餐饮服务教材，本书以全国职业院校西式宴会服务赛项为核心，从通识、竞技、裁判、策划及赏析等五个方面，分任务分模块，详尽介绍了西式宴会服务的基本知识、竞赛技能和主题策划，并匠心独运，对裁判的素质及竞赛评判的原则和标准等进行了详细解析。

本节总结西式宴会服务赛项的意义和职业院校比赛中存在的问题，分析西式宴会服务赛项的发展趋势，并指出职业院校专业教学改革的方向。

一、西式宴会服务赛项的意义

以赛代练、以练促学、以学促教，是全国职业院校技能大赛举办的宗旨。大赛上选手的表现，不仅反映了各个院校的教学水平、师资情况，更反映了院校的教学理念、内容和方式。通过比赛，各个院校交流加深，一方面有利于为其今后人才培养提供新思路，另一方面提高了旅游人才培养与旅游产业需求的匹配度，促进了学生专业技能和综合素质的全面提升，对推动全国旅游业科学地和谐发展、可持续发展具有重要而深远的意义。

西式宴会服务赛项于2013年首次成为全国职业院校技能大赛项目，与中职组酒店服务、高职组中餐主题宴会设计、导游服务赛项等一起作为旅游服务类赛项，极大地丰富了全国职业院校技能大赛。宴会是以餐饮聚会为表现形式的一种高品位的社交活动方式，宴会对饭店餐饮部来说是一个重要的经营项目，更是饭店经济收入的一个重要来源，而随着中国饭店国际化进程不断加深，西式宴会已在宴会中占据很大的份额，"西餐宴会服务"赛项作为新增项目就显得很有必要，不仅丰富了比赛，还有助于提升酒店管理专业学生西餐服务操作及设计创新能力，进一步推动高职院校酒店管理专业建设，为中国酒店业的科学发展提供强有力的人才支持和智力支撑。

二、职业院校比赛中存在的问题

"西餐宴会服务"赛项以西餐宴会服务为主，调酒服务为辅，涵盖西餐宴会台面创意设计、菜单设计、餐巾折花、西餐宴会摆台、斟酒、调酒、葡萄酒品鉴、西餐服务英语运用等。从台面创意设计、菜单设计、餐巾造型设计到西餐宴会摆台、斟酒技能、调酒技能，重点考查选手的主题设计能力和专业操作能力。选手需要充分考虑宴会主题、餐具色彩、环境构造、气氛渲染、整体风格等诸多方面，融合选手个性气质和文化内涵，展现自身服务水平。

透过本届大赛，我们看到：

（一）参赛学生知识结构有待完善

职业技能大赛，既考查学生的操作技能，又考查学生的理论知识掌握的情况。然而，多数参赛学生在摆台实操环节表现突出，得到高分；在专业理论知识方面尤其是英语口语中表现却差强人意，得分偏低，进而导致其比赛总分不高。从这不难看出，部分职业院校在培养学生时对实践技能关注过重，忽略了对学生相关沟通能力的培养，致使学生知识结构不合理，综合能力有待于进一步提高。

（二）主题不明确，缺乏创新

主题是宴会设计的核心，比赛成绩突出的职业院校在主题设计和创意方面有很多亮点，然而在比赛中不难发现部分院校为了吸引眼球，在设计中增加了与主题不相符，甚至模糊主题的元素，使其减分不少。除主题不明确之外，主题设计方面的问题还包括：主题选择不符合餐饮业发展趋势；主题与往年相似度高，模仿痕迹过重，创新性项目少；主题所蕴含的文化太过牵强，解释不通等问题。

（三）教师教学教条化严重，脱离行业实际

举办技能大赛的目的之一就是促进职业教育与行业的接轨，培养与旅游行业岗位需求无缝对接的人才，然而过于严苛的细节要求，却与酒店行业的现实不符。如部分参赛学生在摆台过程中背手，不仅浪费时间拖延摆台进度，而且晃动频繁容易托盘不稳。过于追求严苛的细节，教学就容易教条化，也与教学比赛的初衷相悖。

三、西式宴会服务赛项的发展趋势

未来全国职业院校技能大赛的发展趋势是：

（一）大赛水平国际化

《全国职业院校技能大赛实施规划（2016—2020年）》提出全国职业院校技能大赛要提高技能大赛国际化水平，使大赛成为职业教育国际交流合作的平台。三届西餐宴会服务赛项所邀请的台湾高雄餐旅大学的国际专业裁判游达荣教授，正是对这一要求的积极响应。未来大赛的国际化水平将继续加强，使国内竞赛与国际标准的接轨，促进国内酒店相关院校与相关专业教学水平的国际化。

（二）大赛内容企业化

职业教育的成果需要企业的认可，因此全国职业院校技能大赛会有更多餐饮企业的支持与深度参与，使大赛与行业发展、企业需要密切结合，竞赛内容与餐饮企业实际相结合，及时反映企业生产的新要求、新方向，检测职业教育教学改革的成效；在技能大赛过程中，职业院校师生与餐饮企业专家零距离接触，详细了解企业对人才的要求和衡量标准，为改革教学内容和课程设置提供依据。

（三）主题设计专业化

正如前文所言，主题是宴会设计的核心，在宴会的主题设计方面除了传统的强调主题的单一性与个性化外，更要结合时代的发展，设计具有专业化特性的宴会主题，并在确定主题后围绕主题挖掘文化内涵，寻找主题特色，设计文化方案，制作文化产品和服务。除了传统的宴会主题，贴近新时代的主题更加容易打动人心。比如自中国提出建设"一带一路"（"新丝绸之路经济带"和"21世纪海上丝绸之路"）的战略构想后，丝绸之路成为大家关注的热点，以"海丝文化"为主题的宴会设计就非常吸引人。

（四）宴会服务人性化

宴会服务除了强调主题设计现代化、服务程序标准化外，在服务过程上也要做到人性化，满足顾客的个性化要求，不能因一味追求标准化而太过死板，或照本宣科。人性化服务不仅是一种服务理念，也是一种服务规范。人性化餐饮服务强调用心为客人服务，要求充分理解客人的心态，细心观察客人的举动，耐心倾听客人的要求，真诚提供亲切的服务，注重服务过程中的情感交流，真正体现出一种独特的人性化关注。人性化服务贵在贴近人心、重视人的情感和心理上的满足，同时要求餐饮企业仔细揣摩消费者的心理，学会换位思考，提供顾客需要的服务项目。唯有人性化服务加上标准化生产，才能提升服务水平，提高顾客满意度。

责任编辑：果凤双

图书在版编目（CIP）数据

固本培元　卓越引领：教育部全国职业院校技能大赛高职组西餐宴会服务赛项成果展示2016 / 全国旅游职业教育教学指导委员会主编. -- 北京：旅游教育出版社，2017.5

ISBN 978-7-5637-3566-2

Ⅰ．①固… Ⅱ．①全… Ⅲ．①西式菜肴—餐饮—商业服务—高等职业教育—教学参考资料 ②宴会—商业服务—高等职业教育—教学参考资料 Ⅳ．①F719.3

中国版本图书馆CIP数据核字(2017)第094042号

固本培元　卓越引领
——教育部全国职业院校技能大赛高职组西餐宴会服务赛项成果展示2016
全国旅游职业教育教学指导委员会　主编

出版单位	旅游教育出版社
地　　址	北京市朝阳区定福庄南里1号
邮　　编	100024
发行电话	（010）65778403　65728372　65767462（传真）
本社网址	www.tepcb.com
E - mail	tepfx@163.com
排版单位	北京旅教文化传播有限公司
印刷单位	北京艺堂印刷有限公司
经销单位	新华书店
开　　本	787毫米×1092毫米　1/16
印　　张	13.375
字　　数	204千字
版　　次	2017年5月第1版
印　　次	2017年6月第2次印刷
定　　价	65.00元（含光盘）

（图书如有装订差错请与发行部联系）